农业国家与行业标准概要

(2012)

农业部农产品质量安全监管局
农 业 部 科 技 发 展 中 心　编

中 国 农 业 出 版 社

前　言

“十二五”时期是我国加快发展现代农业、建设社会主义新农村的重要时期，也是深入推进农产品质量安全监管、全面提升农产品质量安全水平的关键时期。农产品质量安全发展“十二五”规划明确提出“建立健全以农兽药残留限量标准为重点、品质规格标准相配套、生产规范规程为基础的农产品质量安全标准体系”。

截至2012年底，农业部共批准发布国家标准、农业行业标准7 656项，其中国家标准3 040项（包括农药残留、兽药残留、饲料安全、转基因），农业行业标准4 616项。2012年对食品安全国家标准中农药残留限量标准进行了梳理，发布了《食品中农药最大残留限量》（GB 2763—2012），其中包括322种农药在10大类农产品和食品中的2 293个农药最大残留限量，基本涵盖了我国农业生产常用农药和居民日常消费的主要农产品。现有农药残留检测方法标准614项，基本满足限量检测要求。兽药残留共制定了94种兽药在14种动物及其副产品中的551个限量，配套的兽药残留检测方法298个。农业标准体系的建立与不断完善，为保障农产品质量安全水平、提高农产品市场竞争力发挥了重要的作用。

本书收集整理了2012年农业部组织制定和批准发布的358项农业行业标准和《食品安全国家标准　食品中农药最大残留限量》（GB 2763—2012）。为方便读者查阅，按照11个类别进行归类编排，分别为种植业、畜牧兽医、渔业、农垦、农牧机械、农村能源、绿色食品、转基因、职业技能鉴定、综合类及农兽药残留。

我们希望本书的出版，对从事农业质量标准工作的同志有所帮助。

由于时间仓促，编印过程中难免出现疏漏及不当之处，敬请广大读者批评指正。

编　者

2013年10月

目 录

1 种植业

1.1 种子种苗

标准号	被替代标准号	标准名称	起草单位	范　围
NY/T 2120—2012		香蕉无病毒种苗生产技术规范	全国农业技术推广服务中心、广东省农业科学院果树研究所、中国农业科学院果树研究所	本标准规定了香蕉无病毒种苗生产技术和病毒检测对象及方法。 本标准适用于香蕉无病毒种苗的生产。
NY/T 2175—2012		农作物优异种质资源评价规范　野生稻	中国农业科学院茶叶研究所、广西壮族自治区农业科学院水稻研究所、广东省农业科学院水稻研究所	本标准规定了野生稻（*Oryza* spp.）优异种质资源评价的术语和定义、技术要求、鉴定方法和判定。 本标准适用于野生稻优异种质资源评价。
NY/T 2176—2012		农作物优异种质资源评价规范　甘薯	中国农业科学院茶叶研究所、广东省农业科学院作物研究所、江苏徐淮地区徐州农业科学研究所	本标准规定了甘薯［*Ipomoea batatas*（L.）Lam.］优异种质资源评价的术语和定义、技术要求、鉴定方法和判定。 本标准适用于甘薯优异种质资源评价。
NY/T 2177—2012		农作物优异种质资源评价规范　豆科牧草	中国农业科学院草原研究所、中国农业科学院茶叶研究所	本标准规定了豆科牧草（*Leguminosae*）优异种质资源评价的术语和定义、技术要求、鉴定方法和判定。 本标准适用于豆科牧草优异种质资源的评价。

（续）

标准号	被替代标准号	标准名称	起草单位	范　　围
NY/T 2178—2012		农作物优异种质资源评价规范　苎麻	中国农业科学院茶叶研究所、中国农业科学院麻类研究所	本标准规定了苎麻（*Boehmeria nivea*）优异种质资源的术语和定义、技术要求、鉴定方法和判定。 本标准适用于苎麻优异种质资源的评价。
NY/T 2179—2012		农作物优异种质资源评价规范　马铃薯	中国农业科学院茶叶研究所、黑龙江省农业科学院克山分院	本标准规定了马铃薯（*Solanum tuberosum* L.）优异种质资源评价的术语和定义、技术要求、鉴定方法和判定。 本标准适用于马铃薯优异种质资源的评价，其他种的评价参考此规范。
NY/T 2180—2012		农作物优异种质资源评价规范　甘蔗	云南省农业科学院甘蔗研究所、中国农业科学院茶叶研究所	本标准规定了甘蔗优异种质资源评价的术语和定义、技术要求、鉴定方法和判定。 本标准适用于甘蔗属（*Saccharum* L.）的大茎野生种（*S. robustum* B.）、细茎野生种（*S. spontaneum* L.，又称割手密）、热带种（*S. officinarum* L.）、印度种（*S. barberi* J.）、中国种（*S. sinense* R.）、选育品种、品系及蔗茅属斑茅种（*Erianthus arundinaceus* J.）优异种质资源的评价。

（续）

标准号	被替代标准号	标准名称	起草单位	范　围
NY/T 2181—2012		农作物优异种质资源评价规范　桑树	中国农业科学院蚕业研究所、中国农业科学院茶叶研究所	本标准规定了桑属（*Morus* Linn.）植物优异种质资源评价的术语定义、技术要求、鉴定方法及判定。 本标准适用于桑属植物优异种质资源评价。
NY/T 2182—2012		农作物优异种质资源评价规范　莲藕	武汉市蔬菜科学研究所、中国农业科学院茶叶研究所	本标准规定了莲藕（*Nelumbo nucifera* Gaertn.）优异种质资源评价的术语和定义、技术要求、鉴定方法和判定。 本标准适用于莲藕（藕莲）优异种质资源的评价。
NY/T 2183—2012		农作物优异种质资源评价规范　茭白	中国农业科学院茶叶研究所、武汉市蔬菜科学研究所	本标准规定了栽培茭白［*Zizania latifolia*（Griseb.）Turcz. ex Stapf.］优异种质资源评价的术语和定义、技术要求、鉴定方法和判定。 本标准适用于茭白优异种质资源的评价。
NY/T 2184—2012		农作物优异种质资源评价规范　橡胶树	中国热带农业科学院橡胶研究所、中国农业科学院茶叶研究所	本标准规定了橡胶树（*Hevea brasiliensis* Muell.-Arg.）优异种质资源评价的术语和定义、技术要求、鉴定方法和判定。 本标准适用于橡胶树优异种质资源的评价。

1.2 土壤与肥料

标准号	被替代标准号	标准名称	起草单位	范　　围
NY/T 395—2012	NY/T 395—2000	农田土壤环境质量监测技术规范	农业部环境保护科研监测所	本标准规定了农田土壤环境质量监测的布点采样、分析方法、质控措施、数理统计、结果评价、成果表达与资料整编等技术内容。 本标准适用于农田土壤环境质量监测。
NY/T 525—2012	NY/T 525—2011	有机肥料	全国农业技术推广服务中心、南京农业大学、安徽省土壤肥料总站、吉林省土壤肥料总站	本文件规定了有机肥料的技术要求、试验方法、检验规则、标识、包装、运输和贮存。 本文件适用于以畜禽粪便、动植物残体和以动植物产品为原料加工的下脚料为原料，并经发酵腐熟后制成的有机肥料。 本文件不适用于绿肥、农家肥和其他由农民自积自造的有机粪肥。
NY 884—2012	NY 884—2004	生物有机肥	农业部微生物肥料和食用菌菌种质量监督检验测试中心、中国农业科学院农业资源与农业区划研究所	本标准规定了生物有机肥的要求、检验方法、检验规则、包装、标识、运输和贮存。 本标准适用于生物有机肥。
NY/T 1108—2012	NY/T 1108—2006	液体肥料　包装技术要求	国家化肥质量监督检验中心（北京）	本标准规定了液体肥料销售包装、运输包装、包装抽样及试验方法等技术要求。 本标准适用于需进行包装销售的液体肥料。

（续）

标准号	被替代标准号	标准名称	起草单位	范　围
NY/T 1119—2012	NY/T 1119—2006	耕地质量监测技术规程	全国农业技术推广服务中心、江苏省土壤肥料技术指导站、河南省土壤肥料站、辽宁省土壤肥料总站、河北省土壤肥料总站、广东省土壤肥料总站、成都土壤肥料测试中心	本标准规定了耕地质量监测涉及的术语和定义、监测点设置、监测内容、样品采集、处理和贮存、样品测定、监测报告编写的技术要求。 本标准适用于耕地质量监测，也适用于园地、牧草地的质量监测。
NY/T 1121.9—2012	NY/T 1121.9—2006	土壤检测　第9部分：土壤有效钼的测定	全国农业技术推广服务中心、农业部肥料质量监督检验测试中心（济南）、农业部肥料质量监督检验测试中心（成都）、农业部肥料质量监督检验测试中心（杭州）、云南省土壤肥料工作站	本部分规定了使用极谱仪测定土壤有效钼的方法。 本部分适用于土壤有效钼含量的测定。
NY/T 1121.24—2012		土壤检测　第24部分：土壤全氮的测定　自动定氮仪法	全国农业技术推广服务中心、农业部肥料质量监督检验测试中心（济南）、农业部肥料质量监督检验测试中心（成都）、农业部肥料质量监督检验测试中心（杭州）、云南省土壤肥料工作站	本部分规定了使用自动定氮仪测定土壤全氮的方法。 本部分适用于土壤全氮含量的测定。

（续）

标准号	被替代标准号	标准名称	起草单位	范　围
NY/T 1121.25—2012		土壤检测　第 25 部分：土壤有效磷的测定　连续流动分析仪法	全国农业技术推广服务中心、农业部肥料质量监督检验测试中心（成都）、农业部肥料质量监督检验测试中心（杭州）、农业部肥料质量监督检验测试中心（沈阳）、北京市土肥工作站	本部分规定了使用连续流动分析仪测定土壤有效磷的方法。 本部分适用于土壤有效磷含量的测定。
NY/T 2148—2012		高标准农田建设标准	农业部工程建设服务中心、全国农业技术推广服务中心、中国农业科学院农业环境与可持续发展研究所、农业部农业机械化技术开发推广总站、中国农业大学	本标准规定了高标准农田建设术语、区域划分、农田综合生产能力、高标准农田建设内容、田间工程、选址条件和投资估算等方面的内容。 本标准适用于高标准农田项目的规划、建议书、可行性研究报告和初步设计等文件编制以及项目的评估、建设、检查和验收。
NY/T 2149—2012		农产品产地安全质量适宜性评价技术规范	农业部环境保护科研监测所	本标准规定了农产品产地安全质量适宜性评价的方法、程序及农产品产地安全质量等级划分技术等。 本标准适用于种植业农产品产地安全质量适宜性评价；畜禽养殖业、水产养殖业的产地安全质量适宜性评价可参照执行。

（续）

标准号	被替代标准号	标准名称	起草单位	范　　围
NY/T 2150—2012		农产品产地禁止生产区划分技术指南	农业部环境保护科研监测所	本标准规定了农产品产地适宜生产区和禁止生产区区域划分的程序及划分技术方法。 本标准适用于种植业农产品产地；畜禽养殖业、渔业产地禁产区划分可参照本标准执行。 本标准不适用于海洋渔业、海洋养殖业禁产区的划分。
NY/T 2173—2012		耕地质量预警规范	全国农业技术推广服务中心、江苏省土壤肥料技术指导站、河南省土壤肥料站、广东省土壤肥料总站、江西省土壤肥料技术推广站、成都土壤肥料测试中心	本标准规定了耕地质量预警涉及的术语和定义及预警原则、体系构建、预警流程与方法、结果发布的要求。 本标准适用于耕地质量预警，也适用于园地质量预警。
NY 2266—2012		中量元素水溶肥料	农业部肥料登记评审委员会、国家化肥质量监督检验中心（北京）	本标准规定了中量元素水溶肥料的技术要求、试验方法、检验规则、标识、包装、运输和贮存。 本标准适用于中华人民共和国境内生产和销售的，以中量元素钙、镁为主要成分的固体或液体水溶肥料。

（续）

标准号	被替代标准号	标准名称	起草单位	范　　围
NY 2267—2012		缓释肥料　登记要求	农业部肥料登记评审委员会、国家化肥质量监督检验中心（北京）	本标准规定了缓释肥料登记要求、试验方法、检验规则、标识、包装、运输和贮存。 本标准适用于中华人民共和国境内生产和销售的，氮缓释肥料、复合养分（氮、磷、钾）缓释肥料及用作掺混肥料原料的缓释肥料。 本标准不适用于添加脲酶抑制剂或硝化抑制剂肥料及脲甲醛肥料。
NY 2268—2012		农业用改性硝酸铵	农业部肥料登记评审委员会、国家化肥质量监督检验中心（北京）	本标准规定了农业用改性硝酸铵登记要求、试验方法、检验规则、标识、包装、运输和贮存。 本标准适用于中华人民共和国境内生产和销售的、作为肥料使用的农业用改性硝酸铵。产品是在硝酸铵生产过程添加碳酸钙、碳酸镁等原料成分，并将浓缩的熔融混合物经造粒而成的非全水溶均质固体。
NY 2269—2012		农业用硝酸铵钙	农业部肥料登记评审委员会、国家化肥质量监督检验中心（北京）	本标准规定了农业用硝酸铵钙登记要求、试验方法、检验规则、标识、包装、运输和贮存。 本标准适用于中华人民共和国境内生产和销售的、作为肥料使用的农业用硝酸铵钙。产品以硝酸、液氨、石灰石或石灰等为主要原料并经化合、造粒工艺加工而成的水溶化合物。

（续）

标准号	被替代标准号	标准名称	起草单位	范　围
NY/T 2270—2012		肥料　三聚氰胺含量的测定	国家化肥质量监督检验中心（北京）	本标准规定了肥料三聚氰胺含量测定高效液相色谱法的试验方法。 本标准适用于肥料（有机肥料除外）中三聚氰胺含量的测定。
NY/T 2271—2012		土壤调理剂　效果试验和评价要求	农业部肥料登记评审委员会、国家化肥质量监督检验中心（北京）	本标准规定了土壤调理剂效果试验相关术语、试验要求和内容、效果评价、报告撰写等要求。 本标准适用于土壤调理剂试验效果评价。
NY/T 2272—2012		土壤调理剂　钙、镁、硅含量的测定	国家化肥质量监督检验中心（北京）	本标准规定了土壤调理剂钙、镁、硅含量测定的试验方法。 本标准适用于土壤调理剂钙、镁、硅含量的测定。
NY/T 2273—2012		土壤调理剂　磷、钾含量的测定	国家化肥质量监督检验中心（北京）	本标准规定了土壤调理剂磷、钾含量测定的试验方法。 本标准适用于土壤调理剂磷、钾含量的测定。
NY/T 2274—2012		缓释肥料　效果试验和评价要求	农业部肥料登记评审委员会、国家化肥质量监督检验中心（北京）	本标准规定了缓释肥料效果试验相关术语、试验要求和内容、效果评价、报告撰写等要求。 本标准适用于缓释肥料试验效果评价。

1.3 植保与农药

标准号	被替代标准号	标准名称	起草单位	范　　围
NY/T 1151.4—2012		农药登记卫生用杀虫剂室内药效试验及评价　第 4 部分：驱蚊帐	农业部农药检定所、广东省疾病预防控制中心、广西壮族自治区疾病预防控制中心	本部分规定了驱蚊帐的室内药效试验方法及评价标准。 本部分适用于驱蚊帐在农药登记时对蚊虫进行药效测定及评价。
NY/T 1464.42—2012		农药田间药效试验准则 第 42 部分：杀虫剂防治马铃薯二十八星瓢虫	农业部农药检定所	本部分规定了杀虫剂防治马铃薯二十八星瓢虫（*Henosepilachna vigintioctomaculata*）田间药效小区试验的方法和要求。 本部分适用于杀虫剂防治马铃薯二十八星瓢虫的登记用田间药效小区试验及药效评价。其他为害农作物的瓢虫田间药效试验可参照使用。
NY/T 1464.43—2012		农药田间药效试验准则 第 43 部分：杀虫剂防治蔬菜烟粉虱	农业部农药检定所	本部分规定了杀虫剂防治蔬菜烟粉虱（*Bemisia tabaci*）田间药效小区试验的方法和要求。 本部分适用于杀虫剂防治蔬菜烟粉虱的登记用田间药效小区试验及效果评价，其他作物上防治烟粉虱的田间药效试验可参照使用。

（续）

标准号	被替代标准号	标准名称	起草单位	范围
NY/T 1464.44—2012		农药田间药效试验准则 第 44 部分：杀菌剂防治烟草野火病	农业部农药检定所	本部分规定了杀菌剂防治烟草野火病（*Pseudomonas syringae* pv. *tabacina*）田间药效小区试验的方法和要求。 本部分适用于杀菌剂防治烟草野火病登记用田间药效小区试验及药效评价。
NY/T 1464.45—2012		农药田间药效试验准则 第 45 部分：杀菌剂防治三七圆斑病	农业部农药检定所	本部分规定了杀菌剂防治三七圆斑病（*Mycocentrospora acerina*）田间药效小区试验的方法和要求。 本部分适用于杀菌剂防治三七圆斑病登记用田间药效小区试验及药效评价。
NY/T 1464.46—2012		农药田间药效试验准则 第 46 部分：杀菌剂防治草坪草叶斑病	农业部农药检定所	本部分规定了杀菌剂防治草坪草叶斑病（弯孢霉 *Curvularia luneta*）小区药效试验的方法和要求。 本部分适用于杀菌剂防治草坪草叶斑病登记用小区药效试验及评价。
NY/T 1464.47—2012		农药田间药效试验准则 第 47 部分：除草剂防治林业防火道杂草	农业部农药检定所	本部分规定了除草剂防治林业防火道杂草田间药效小区试验的方法和要求。 本部分适用于除草剂防治林业防火道杂草的登记用田间药效小区试验及药效评价。

（续）

标准号	被替代标准号	标准名称	起草单位	范　　围
NY/T 1464.48—2012		农药田间药效试验准则　第 48 部分：植物生长调节剂调控月季生长	农业部农药检定所	本部分规定了植物生长调节剂化学调控月季生长田间药效小区试验的方法和要求。 本部分适用于植物生长调节剂化学调控切花、盆栽、地栽月季类型生长的登记用田间药效小区试验及药效评价。适用于采用不同繁殖方式（嫁接、扦插、组培等）栽培的月季。
NY/T 1859.2—2012		农药抗性风险评估　第 2 部分：卵菌对杀菌剂抗药性风险评估	农业部农药检定所、中国农业大学	本部分规定了植物病原卵菌对杀菌剂抗药性风险评估的原则和要求。 本部分适用于卵菌门霜霉目腐霉科疫霉属、腐霉属、霜疫霉属等兼性寄生性病原菌对具有直接作用方式的杀菌剂抗药性风险评估。
NY/T 1859.3—2012		农药抗性风险评估　第 3 部分：蚜虫对拟除虫菊酯类杀虫剂抗药性风险评估	农业部农药检定所、中国农业大学	本部分规定了农药登记用蚜虫类对拟除虫菊酯类杀虫剂抗药性风险评估的原则和要求。 本部分适用于蚜虫类对拟除虫菊酯类杀虫剂抗药性风险评估。
NY/T 1859.4—2012		农药抗性风险评估　第 4 部分：乙酰乳酸合成酶抑制剂类除草剂抗性风险评估	农业部农药检定所、中国农业科学院植物保护研究所	本部分规定了农药登记用乙酰乳酸合成酶抑制剂类除草剂抗性风险评估的原则和要求。 本部分适用于杂草对乙酰乳酸合成酶抑制剂类除草剂抗性风险评估。杂草抗药性监测、抗药性鉴定及抗药性治理等可参照本部分执行。

（续）

标准号	被替代标准号	标准名称	起草单位	范　围
NY/T 2061.3—2012		农药室内生物测定试验准则　植物生长调节剂　第3部分：促进/抑制生长试验　黄瓜子叶扩张法	农业部农药检定所、浙江化工研究所	本部分规定了黄瓜子叶扩张法测定细胞分裂素类植物生长调节剂促进离体组织细胞分裂和扩张能力试验的基本方法和要求。 本部分适用于农药登记用细胞分裂素类植物生长调节剂活性测定的室内试验和评价。
NY/T 2061.4—2012		农药室内生物测定试验准则　植物生长调节剂　第4部分：促进/抑制生根试验　黄瓜子叶生根法	农业部农药检定所、浙江化工研究所	本部分规定了黄瓜子叶生根法测定植物生长调节剂促进或抑制生根试验的基本方法和要求。 本部分适用于农药登记用植物生长调节剂促进或抑制生根的室内试验和评价。
NY/T 2062.2—2012		天敌防治靶标生物田间药效试验准则　第2部分：平腹小蜂防治荔枝、龙眼树荔枝蝽	农业部农药检定所、北京市农林科学院植物保护环境保护研究所	本部分规定了平腹小蜂（*Anastatus japonicus*）防治荔枝、龙眼树荔枝蝽（*Tessaratoma popillosa*）的田间药效试验的方法和基本要求。 本部分适用于平腹小蜂防治荔枝、龙眼树荔枝蝽登记用田间药效试验及效果评价。

（续）

标准号	被替代标准号	标准名称	起草单位	范　　围
NY/T 2062.3—2012		天敌防治靶标生物田间药效试验准则　第3部分：丽蚜小蜂防治烟粉虱和温室粉虱	农业部农药检定所、北京市农林科学院植物保护环境保护研究所	本部分规定了丽蚜小蜂（*Encarsia formosa*）防治烟粉虱（*Bemisia tabaci*）、温室粉虱（*Trialeurodes vaporariorum*）田间药效试验的方法和基本要求。 本部分适用于丽蚜小蜂防治保护地烟粉虱、温室粉虱登记用田间药效试验及效果评价。
NY/T 2063.2—2012		天敌昆虫室内饲养方法准则　第2部分：平腹小蜂室内饲养方法	农业部农药检定所、北京市农林科学院植物保护环境保护研究所	本部分规定了采用柞蚕（*Antherea pernyi*）卵室内饲养平腹小蜂（*Anastatus japonicas*）的基本方法和要求。 本部分适用于以柞蚕卵为中间寄主繁殖荔枝蝽平腹小蜂的室内饲养方法。
NY/T 2114—2012		大豆疫霉病菌检疫检测与鉴定方法	全国农业技术推广服务中心、南京农业大学、黑龙江省植检植保站	本标准规定了大豆疫霉病菌的现场和室内检疫检测及鉴定方法。 本标准适用于大豆植株、土壤样品以及大豆籽粒（包括种子）中大豆疫霉病菌的检疫检测与鉴定。
NY/T 2115—2012		大豆疫霉病监测技术规范	全国农业技术推广服务中心、南京农业大学、黑龙江省植检植保站	本标准规定了大豆疫霉病（病原：*Phytophthora sojae* Kaufmann & Gerdemann）的监测方法。 本标准适用于田间大豆疫霉病的监测。

（续）

标准号	被替代标准号	标准名称	起草单位	范　围
NY/T 2151—2012		薇甘菊综合防治技术规程	中国农业科学院农业环境与可持续发展研究所、中国农业大学、中国科学院广东省昆虫研究所	本标准规定了薇甘菊的综合防治原则、策略、监测和防治技术。 本标准适用于薇甘菊发生区各级农业、林业、环保等部门对薇甘菊进行的综合防治。
NY/T 2152—2012		福寿螺综合防治技术规程	中国农业科学院农业环境与可持续发展研究所、福建省出入境检验检疫局、湖南省农业资源与环境保护管理站	本标准规定了福寿螺的综合防治原则、防治策略、监测与控制技术。 本标准适用于农业环境、植物保护和卫生防疫等部门对福寿螺进行的综合防治。
NY/T 2153—2012		空心莲子草综合防治技术规程	中国农业科学院农业环境与可持续发展研究所、安徽省农业生态环境总站、湖北省农业生态环境保护总站	本标准规定了空心莲子草综合防治原则、策略、监测和防治措施。 本标准适用于农业环境、植物保护、水产养殖等部门对空心莲子草的综合防治。
NY/T 2155—2012		外来入侵杂草根除指南	中国农业科学院农业环境与可持续发展研究所、中国农业大学、河北农业环境保护监测站、沧州市植物保护站	本标准规定了对外来入侵杂草进行根除的工作原则和程序。 本标准适用于对外来入侵杂草进行的根除工作。
NY/T 2156—2012		水稻主要病害防治技术规程	全国农业技术推广服务中心、贵州省植保植检站、安徽省植物保护总站、江苏省植物保护站、广东省植物保护总站、湖南农业大学	本标准规定了水稻主要病害的防治技术。 本标准适用于全国水稻各种植区水稻主要病害的防治。

（续）

标准号	被替代标准号	标准名称	起草单位	范　　围
NY/T 2157—2012		梨主要病虫害防治技术规程	中国农业科学院果树研究所	本标准规定了梨主要病虫害防治的术语和定义、主要防治对象、防治原则、防治方法。 本标准适用于我国梨树种植区内主要病虫害的防治。
NY/T 2158—2012		美洲斑潜蝇防治技术规程	农业部花卉产品质量监督检验测试中心（昆明）、云南省农业科学院花卉研究所、云南省农业科学院农业环境资源研究所、云南省花卉工程技术研究中心、云南省花卉育种重点实验室	本标准规定了蔬菜、草本花卉作物上美洲斑潜蝇的相关术语与定义、形态及生物学特征、防治原则、防治措施等技术要求。 本标准适用于蔬菜、草本花卉作物上美洲斑潜蝇的防治。
NY/T 2159—2012		大豆主要病害防治技术规程	全国农业技术推广服务中心、黑龙江省植检植保站、内蒙古植保植检站、河南省植保植检站、陕西省植物保护工作总站、吉林省农业技术推广总站	本标准规定了大豆主要病害的综合防治技术。 本标准适用于全国大豆主产区大豆病害的防治。
NY/T 2160—2012		香蕉象甲监测技术规程	中国热带农业科学院环境与植物保护研究所	本标准规定了香蕉根颈象甲（*Cosmopolites sordidus* Germar）监测相关的术语和定义、主要的监测方法等。 本标准适用于香蕉种植地香蕉根颈象甲的发生和种群动态的监测。

（续）

标准号	被替代标准号	标准名称	起草单位	范　围
NY/T 2161—2012		椰子主要病虫害防治技术规程	中国热带农业科学院椰子研究所	本标准规定了椰子主要病虫害的防治原则、措施及推荐使用药剂。 本标准适用于我国椰子主要病虫害的防治。
NY/T 2162—2012		棉花抗棉铃虫性鉴定方法	中国农业科学院棉花研究所	本标准规定了棉花对棉铃虫（*Helicoverpa armigera* Hubner）的抗虫性鉴定方法。 本标准适用于转基因抗虫棉花（Bt 棉花、Bt＋CpTI 棉花）对棉铃虫的抗虫性鉴定。
NY/T 2163—2012		棉盲蝽测报技术规范	全国农业技术推广服务中心、中国农业科学院植物保护研究所、江苏省植物保护站	本标准规定了棉田棉盲蝽发生程度分级指标、成虫灯光诱测、系统调查、大田普查、预测预报方法和数据汇总、汇报和参考资料等内容。 本标准适用于棉盲蝽田间调查和预测预报。
NY/T 2186.1—2012		微生物农药毒理学试验准则　第1部分：急性经口毒性/致病性试验	农业部农药检定所	本部分规定了急性经口毒性/致病性试验的基本原则、方法和要求。 本部分适用于为微生物农药登记而进行的急性经口毒性/致病性试验。
NY/T 2186.2—2012		微生物农药毒理学试验准则　第2部分：急性经呼吸道毒性/致病性试验	农业部农药检定所	本部分规定了急性经呼吸道毒性/致病性试验的基本原则、方法和要求。 本部分适用于为微生物农药登记而进行的急性经呼吸道毒性/致病性试验。

（续）

标准号	被替代标准号	标准名称	起草单位	范　　围
NY/T 2186.3—2012		微生物农药毒理学试验准则　第3部分：急性注射毒性/致病性试验	农业部农药检定所	本部分规定了急性注射毒性/致病性试验的基本原则、方法和要求。 本部分适用于为微生物农药登记而进行的急性注射毒性/致病性试验。
NY/T 2186.4—2012		微生物农药毒理学试验准则　第4部分：细胞培养试验	农业部农药检定所	本部分规定了细胞培养试验的基本原则、方法和要求。 本部分适用于为微生物农药登记而进行的细胞培养试验。
NY/T 2186.5—2012		微生物农药毒理学试验准则　第5部分：亚慢性毒性/致病性试验	农业部农药检定所	本部分规定了亚慢性毒性/致病性试验的基本原则、方法和要求。 本部分适用于为微生物农药登记而进行的亚慢性毒性/致病性试验。
NY/T 2186.6—2012		微生物农药毒理学试验准则　第6部分：繁殖/生育影响试验	农业部农药检定所	本部分规定了繁殖/生育影响试验的基本原则、方法和要求。 本部分适用于为微生物农药而进行的繁殖/生育影响试验。
NY/T 2216—2012		农业野生植物原生境保护点监测预警技术规程	中国农业科学院作物科学研究所、农业部农村社会事业发展中心、中国农业科学院环境与发展研究所	本标准规定了对农业野生植物原生境保护点监测预警管理中监测和预警方案的设计、内容及方法、结果的管理。 本标准适用于国家农业野生植物原生境保护点资源和环境监测以及预警。

（续）

标准号	被替代标准号	标准名称	起草单位	范　围
NY/T 2217.1—2012		农业野生植物异位保存技术规程　第1部分：总则	中国农业科学院作物科学研究所	本部分规定了农业野生植物异位保存的原则、工作程序、资源监测与管理、资源与信息共享。 本部分适用于国家农业野生植物的异位保存。
NY/T 2248—2012		热带作物品种资源抗病虫性鉴定技术规程　香蕉叶斑病、香蕉枯萎病和香蕉根结线虫病	中国热带农业科学院环境与植物保护研究所	本标准规定了香蕉（*Musa*. spp.）品种资源对叶斑病、枯萎病和根结线虫病的抗性鉴定方法和评价标准。 本标准适用于香蕉品种资源对叶斑病、枯萎病和根结线虫病的抗性鉴定和评价。
NY/T 2249—2012		菠萝凋萎病病原分子检测技术规范	中国热带农业科学院环境与植物保护研究所	本标准规定了菠萝凋萎病病原（包括菠萝凋萎伴随病毒和菠萝杆状病毒）的分子检测方法。 本标准适用于菠萝种苗及大田植株中菠萝凋萎伴随病毒和菠萝杆状病毒的定性检测。
NY/T 2250—2012		橡胶树棒孢霉落叶病监测技术规程	中国热带农业科学院环境与植物保护研究所	本标准规定了橡胶树棒孢霉落叶病监测网点的建设、管理及监测方法。 本标准适用于橡胶树种植区棒孢霉落叶病的调查和监测。

（续）

标准号	被替代标准号	标准名称	起草单位	范　　围
NY/T 2251—2012		香蕉花叶心腐病和束顶病病原分子检测技术规范	中国热带农业科学院环境与植物保护研究所	本标准规定了香蕉花叶心腐病和束顶病病原的分子检测方法。 本标准适用于香蕉组培培养物、种苗及大田植株上的花叶心腐病和束顶病病原的定性检测。
NY/T 2252—2012		槟榔黄化病病原物分子检测技术规范	中国热带农业科学院环境与植物保护研究所	本标准规定了槟榔黄化病病原物的检测方法。 本标准适用于槟榔植株中黄化病病原物的定性检测。
NY/T 2255—2012		香蕉穿孔线虫香蕉小种和柑橘小种检测技术规程	中国热带农业科学院环境与植物保护研究所、海南大学环境与植物保护学院	本标准规定了香蕉孔线虫［*Radopholus similis*（Cobb，1893）Thorne，1949］香蕉小种和柑橘小种的检测方法。 本标准适用于植物及其繁殖材料、土壤和栽培介质中的香蕉孔线虫香蕉小种和柑橘小种的检测。
NY/T 2256—2012		热带水果非疫区及非疫生产点建设规范	中国热带农业科学院环境与植物保护研究所、海南大学环境与植物保护学院	本标准规定了热带水果非疫区及非疫生产点建设、保持、撤销和恢复的要求和程序。 本标准适用于我国热带水果非疫区及非疫生产点的建设。

（续）

标准号	被替代标准号	标准名称	起草单位	范　　围
NY/T 2257—2012		杧果细菌性黑斑病原菌分子检测技术规范	中国热带农业科学院环境与植物保护研究所	本标准规定了杧果细菌性黑斑病原菌［*Xanthomonas campestris* pv. *mangiferaeindicae*（Patel，Moniz & Kulkami）Robbs，Ribeiro & Kimura］分子检测方法。 本标准适用于杧果树叶片、枝条、果柄和果实上细菌性黑斑病原菌的定性检测。
NY/T 2258—2012		香蕉黑条叶斑病原菌分子检测技术规程	中国热带农业科学院环境与植物保护研究所	本标准规定了香蕉黑条叶斑病原菌（*Mycosphaerella fijiensis* Morelet）分子检测方法。 本标准适用于香蕉种苗及大田植株上的黑条叶斑病原菌的定性检测。
NY/T 2259—2012		橡胶树主要病虫害防治技术规范	中国热带农业科学院环境与植物保护研究所	本标准规定了橡胶树主要病虫害及其防治原则、防治措施。 本标准适用于我国橡胶产区橡胶树主要病虫害的防治。
NY/T 2262—2012		螺旋粉虱防治技术规范	中国热带农业科学院环境与植物保护研究所	本标准规定了螺旋粉虱（*Aleurodicus dispersus* Russell）的鉴别、监测及防治。 本标准适用于我国螺旋粉虱的防治。

（续）

标准号	被替代标准号	标准名称	起草单位	范　　围
NY/T 2281—2012		苹果病毒检测技术规范	中国农业科学院果树研究所、农业部果品及苗木质量监督检验测试中心（兴城）	本标准规定了苹果病毒检测的抽样与取样要求、检测方法、判定原则。 本标准适用于苹果无病毒母本树、无病毒苗木及苹果植株的苹果花叶病毒（*Apple mosaic virus*，ApMV）、苹果褪绿叶斑病毒（*Apple chlorotic leaf-spot virus*，ACLSV）、苹果茎痘病毒（*Apple stem pitting virus* ASPV）、苹果茎沟病毒（*Apple stem grooving virus*，ASGV）、苹果锈果类病毒（*Apple scar skin viroid*，ASSVd）的检测。
NY/T 2282—2012		梨无病毒母本树和苗木	中国农业科学院果树研究所、农业部果品及苗木质量监督检验测试中心（兴城）	本标准规定了梨无病毒母本树和苗木的术语和定义、要求、检验规则、检测方法、包装和标识。 本标准适用于梨无苹果褪绿叶斑病毒（*Apple chlorotic leafspot virus*，ACLSV）、苹果茎痘病毒（*Apple stem pitting virus*，ASPV）和苹果茎沟病毒（*Apple stem grooving virus*，ASGV）三种病毒的母本树和苗木的鉴定。

（续）

标准号	被替代标准号	标准名称	起草单位	范　　围
NY/T 2286—2012		番茄溃疡病菌检疫检测与鉴定方法	全国农业技术推广服务中心、贵州省植保植检站、贵州省植物保护研究所	本标准规定了农业植物检疫中番茄溃疡病菌检测及鉴定的技术方法。 本标准适用于番茄溃疡病菌的检疫检测及鉴定。
NY/T 2287—2012		水稻细菌性条斑病菌检疫检测与鉴定方法	全国农业技术推广服务中心、江苏省植物保护站、南京农业大学	本标准规定了农业植物检疫中水稻细菌性条斑病菌检测及鉴定的技术方法。 本标准适用于水稻细菌性条斑病的检测及鉴定。
NY/T 2288—2012		黄瓜绿斑驳花叶病毒检疫检测与鉴定方法	全国农业技术推广服务中心、辽宁省植物保护站、沈阳农业大学	本标准规定了农业植物检疫中黄瓜绿斑驳花叶病毒检疫检测及鉴定方法。 本标准适用于黄瓜绿斑驳花叶病毒的检疫检测与鉴定。
NY/T 2289—2012		小麦矮腥黑穗病菌检疫检测与鉴定方法	全国农业技术推广服务中心、四川省植物检疫站、重庆大学	本标准规定了农业植物检疫中小麦矮腥黑穗病菌（*Tilletia controversa* Kuhn，TCK）样品采集、样品处理、实验室形态学、实时荧光PCR检验及结果判定和除害处理的技术方法。 本标准适用于小麦种子、籽粒及产品、生长期植株小麦矮腥黑穗病菌的检疫检测和鉴定。

（续）

标准号	被替代标准号	标准名称	起草单位	范　　围
NY/T 2290—2012		橡胶南美叶疫病监测技术规范	全国农业技术推广服务中心、海南省植保植检站、海南大学	本标准规定了农业植物检疫中橡胶南美叶疫病的监测方法。 本标准适用于橡胶南美叶疫病的疫情监测。
NY/T 2291—2012		玉米细菌性枯萎病监测技术规范	全国农业技术推广服务中心、江苏省植物保护站、南京农业大学	本标准规定了农业植物检疫中玉米细菌性枯萎病的疫情监测、室内检验、监测记录和报告的方法。 本标准适用于玉米细菌性枯萎病的疫情监测。
NY/T 2292—2012		亚洲梨火疫病监测技术规范	全国农业技术推广服务中心、浙江省植物保护检疫局、浙江大学	本标准规定了农业植物检疫中亚洲梨火疫病的监测区域、监测时期、监测方法等。 本标准适用于全国范围内亚洲梨火疫病的监测。
NY/T 2293.1—2012		细菌微生物农药　枯草芽孢杆菌　第1部分：枯草芽孢杆菌母药	农业部农药检定所、中国农业大学	本部分规定了细菌微生物农药枯草芽孢杆菌母药的要求、试验方法、检验与验收以及标志、标签、包装、贮运。 本部分适用于以芽孢为主要活性成分的粉状枯草芽孢杆菌母药。

（续）

标准号	被替代标准号	标准名称	起草单位	范　　围
NY/T 2293.2—2012		细菌微生物农药　枯草芽孢杆菌　第2部分：枯草芽孢杆菌可湿性粉剂	农业部农药检定所、中国农业大学	本部分规定了细菌微生物农药枯草芽孢杆菌可湿性粉剂的要求、试验方法、检验与验收以及标志、标签、包装、贮运。 本部分适用于以芽孢为主要成分的枯草芽孢杆菌母药添加适宜的助剂和填料后加工而成的枯草芽孢杆菌可湿性粉剂。
NY/T 2294.1—2012		细菌微生物农药　蜡质芽孢杆菌　第1部分：蜡质芽孢杆菌母药	农业部农药检定所、中国农业大学	本标准规定了细菌微生物农药蜡质芽孢杆菌母药的要求、试验方法、检验与验收以及标志、标签、包装、贮运。 本标准适用于以芽孢为主要活性成分的粉状蜡质芽孢杆菌母药。
NY/T 2294.2—2012		细菌微生物农药　蜡质芽孢杆菌　第2部分：蜡质芽孢杆菌可湿性粉剂	农业部农药检定所、中国农业大学	本部分规定了细菌微生物农药蜡质芽孢杆菌可湿性粉剂的要求、试验方法、检验与验收以及标志、标签、包装、贮运。 本部分适用于以芽孢为主要成分的蜡质芽孢杆菌母药添加适宜的助剂和填料后加工而成的蜡质芽孢杆菌可湿性粉剂。

（续）

标准号	被替代标准号	标准名称	起草单位	范　围
NY/T 2295.1—2012		真菌微生物农药　球孢白僵菌　第1部分：球孢白僵菌母药	农业部农药检定所、中国农业科学院植物保护研究所	本部分规定了球孢白僵菌母药的要求、试验方法、检验与验收以及标志、标签、包装、贮运。 本部分适用于以分生孢子为主要成分的粉状球孢白僵菌母药。
NY/T 2295.2—2012		真菌微生物农药　球孢白僵菌　第2部分：球孢白僵菌可湿性粉剂	农业部农药检定所、中国农业科学院植物保护研究所	本部分规定了真菌微生物农药球孢白僵菌可湿性粉剂的要求、试验方法、检验与验收以及标志、标签、包装、贮运。 本部分适用于以分生孢子为主要成分的球孢白僵菌母药添加适宜的助剂和填料后加工而成的球孢白僵菌可湿性粉剂。
NY/T 2296.1—2012		细菌微生物农药　荧光假单孢杆菌　第1部分：荧光假单孢杆菌母药	农业部农药检定所、浙江大学生物技术研究所	本部分规定了细菌微生物农药荧光假单孢杆菌母药的要求、试验方法、检验与验收以及标志、标签、包装、贮运。 本部分适用于以活菌体为主要活性成分的粉状荧光假单孢杆菌母药。

（续）

标准号	被替代标准号	标准名称	起草单位	范　　围
NY/T 2296.2—2012		细菌微生物农药　荧光假单孢杆菌　第2部分：荧光假单孢杆菌可湿性粉剂	农业部农药检定所、浙江大学生物技术研究所	本部分规定了细菌微生物农药荧光假单孢杆菌可湿性粉剂的要求、试验方法、检验与验收以及标志、标签、包装、贮运。 本部分适用于以活菌体为主要活性成分的荧光假单孢杆菌母药添加适宜的助剂和填料后加工而成的荧光假单孢杆菌可湿性粉剂。

1.4　粮油作物及产品

标准号	被替代标准号	标准名称	起草单位	范　　围
NY/T 2121—2012		东北地区硬红春小麦	黑龙江省农业科学院农产品质量安全研究所、农业部谷物及制品质量监督检验测试中心（哈尔滨）	本标准规定了东北地区硬红春小麦的术语和定义、分类、要求、检验方法、检验规则、判定规则和包装、贮存及运输。 本标准适用于东北地区种植的硬质、红皮春小麦的生产、加工、购销、检验、分类及评价。
NY/T 2246—2012		农作物生产基地建设标准　油菜	农业部规划设计研究院	本标准规定了国家农作物——油菜生产基地的建设标准。 本标准适用于新建、改建、扩建国家农作物生产基地建设（油菜）。本标准可作为编制农作物生产建设基地（油菜）规划方案、项目建议书、可行性研究报告、初步设计的依据。

（续）

标准号	被替代标准号	标准名称	起草单位	范　　围
NY/T 2283—2012		冬小麦灾害田间调查及分级技术规范	中国农业科学院农业质量标准与检测技术研究所、中国农业科学院农业资源与农业区划研究所、山西省农业科学院棉花研究所	本标准规定了冬小麦干旱灾害、冻害、霜冻害田间调查的术语和定义、基本要求、分级评价指标等。 本标准适用于冬小麦主要种植区干旱灾情、越冬期冻害灾情、霜冻灾害灾情的监测、预警与评估。
NY/T 2284—2012		玉米灾害田间调查及分级技术规范	中国农业科学院农业质量标准与检测技术研究所、中国农业科学院农业资源与农业区划研究所、山西省农业科学院棉花研究所、黑龙江八一农垦大学	本标准规定了玉米干旱灾害、冷害、霜冻害田间调查的术语和定义、基本要求、分级评价指标等。 本标准适用于东北和华北玉米主要种植区干旱灾情、越冬期冻害灾情、霜冻灾害灾情的监测、预警与评估。
NY/T 2285—2012		水稻冷害田间调查及分级技术规范	中国农业科学院农业质量标准与检测技术研究所、中国水稻研究所、中国农业科学院农业资源与农业区划研究所、黑龙江八一农垦大学	本标准规定了水稻冷害田间调查的术语和定义、基本要求、分级评价指标等。 本标准适用于东北和南方水稻冷害灾情的监测、预警与评估。

1.5 经济作物及产品

标准号	被替代标准号	标准名称	起草单位	范　　围
GB/T 28658—2012		暗紫贝母药材规范化栽培技术规程	中国科学院西北高原生物研究所	本标准规定了暗紫贝母（*Fritillaria unibracteata* Hsiao et K. C. Hsia）药材生产基地环境要求；种（子）繁育技术标准；药材栽培技术标准；暗紫贝母药材产品的采收、加工、包装和储运技术规范以及暗紫贝母药材生产中的农药和肥料使用准则五个部分的综合技术要求。 本标准适用于青海、甘肃、四川、西藏及其毗邻地区海拔 2 800m～4 500m，年降水大于 550mm，土壤疏松，腐殖质丰富的高寒灌丛草甸、高寒草甸、高寒草原的暗紫贝母野生药材分布及人工栽培区。
GB/T 28659—2012		保护地沙窝萝卜栽培技术规程	天津市植物保护研究所	本标准规定了保护地沙窝萝卜的产地环境、肥水管理、病虫害防治技术等。 本标准适用于温室、大棚等保护地沙窝萝卜的生产。
GB/T 28667—2012		蕨麻	青海省质量技术监督信息管理中心、青海省标准化协会、青海民族大学	本标准规定了蕨麻的术语和定义、原料要求、技术要求、试验方法、检验规则、包装、标签、运输和贮存。 本标准适用于经干燥加工制成的蕨麻。

（续）

标准号	被替代标准号	标准名称	起草单位	范　围
GB/T 29370—2012		柠檬	四川省标准化研究院、安岳县柠檬科学技术研究所、中国农业科学院柑橘研究所	本标准规定了柠檬鲜果的要求、检验方法、检验规则、标志、标签、包装、运输与贮存。 本标准适用于柠檬鲜果。
GB/T 29379—2012		马铃薯脱毒种薯贮藏、运输技术规程	中国标准化研究院、内蒙古大学内蒙古马铃薯工程技术研究中心、定西马铃薯研究所、蓝威斯顿（上海）商贸有限公司、甘肃爱兰马铃薯种业有限责任公司、中国农业机械化科学研究院、中国科学院兰州化学物理研究所、中国农业科学院农业资源与区划研究所	本标准规定了马铃薯收获后处理、包装、标识、运输、贮藏库（窖）的准备，贮藏量和堆码、贮藏管理等技术要求。 本标准适用于马铃薯脱毒种薯的贮藏及运输。
NY/T 864—2012	NY/T 864—2004	苦丁茶	中国热带农业科学院分析测试中心、中国热带农业科学院香料饮料研究所	本标准规定了冬青科冬青属苦丁茶冬青（*Ilex kudingcha* C. J. Tseng）、冬青科冬青属苦丁茶大叶冬青（*Ilex latifolia* Thunb.）苦丁茶的术语和定义、要求、试验方法、检验规则、标识、包装、运输和贮存。 本标准适用于采用冬青科冬青属苦丁茶冬青、冬青科冬青属苦丁茶大叶冬青芽、叶为原料制成的苦丁茶。

（续）

标准号	被替代标准号	标准名称	起草单位	范　围
NY/T 2116—2012		虫草制品中虫草素和腺苷的测定　高效液相色谱法	农业部食用菌产品质量监督检验测试中心（上海）、上海市农业科学院农产品质量标准与检测技术研究所	本标准规定了虫草原料、虫草产品中虫草素和腺苷高效液相色谱的测定方法。 本标准适用于虫草原料、虫草产品中虫草素和腺苷的测定。 虫草素和腺苷的定量测定范围均为 30 mg/kg～1 000mg/ kg。 虫草素和腺苷的检测限均为 10 mg/kg。
NY/T 2117—2012		双孢蘑菇　冷藏及冷链运输技术规范	农业部食用菌产品质量监督检验测试中心（上海）、上海市农业科学院农产品质量标准与检测技术研究所	本标准规定了鲜销或加工用双孢蘑菇采收后的冷藏及冷链运输技术规范。 本标准适用于人工栽培的新鲜双孢蘑菇（*Agaricus bisporus*）、双环蘑菇（*Agaricus biotorguis*，俗称大肥菇、高温蘑菇）的冷藏及冷链运输。
NY/T 2118—2012		蔬菜育苗基质	全国农业技术推广服务中心、中国农业科学院蔬菜花卉研究所、中国农业大学	本标准规定了蔬菜育苗基质的质量要求、试验方法、检验规则、包装、标志、贮存和运输。 本标准适用于以腐熟有机物料及天然矿物为主要组分的商品化蔬菜育苗基质的质量判定。
NY/T 2119—2012		蔬菜穴盘育苗　通则	全国农业技术推广服务中心、中国农业大学、中国农业科学院蔬菜花卉研究所	本标准规定了蔬菜穴盘育苗的一般性要求、技术措施、成品苗质量及检验规则，以及商品苗包装、标志与运输要求。 本标准适用于以种子作为繁殖材料的蔬菜穴盘育苗。

（续）

标准号	被替代标准号	标准名称	起草单位	范　围
NY/T 2136—2012		标准果园建设规范　苹果	全国农业技术推广服务中心	本标准规定了苹果园地要求、栽培管理、采后处理、质量控制等内容。 本标准适用于苹果标准园建设。
NY/T 2164—2012		马铃薯脱毒种薯繁育基地建设标准	云南省农业科学院质量标准与检测技术研究所	本标准规定了马铃薯脱毒种薯繁育基地的基地规模与项目构成、选址与建设条件、生产工艺与配套设施、功能分区与规划布局、资质与管理和主要技术指标。 本标准适用于新建、改建及扩建的马铃薯脱毒种薯繁育基地。
NY/T 2171—2012		蔬菜标准园建设规范	全国农业技术推广服务中心	本标准规定了蔬菜标准园建设的园地要求、栽培管理、采后处理、产品要求、质量管理。 本标准适用于全国蔬菜标准园建设。
NY/T 2172—2012		标准茶园建设规范	全国农业技术推广服务中心、中国农业科学院茶叶研究所	本标准规定了标准茶园的建设规模与内容、园地要求、栽培管理、加工要求、产品要求和管理体系等。 本标准适用于标准茶园的建设及管理。
NY/T 2209—2012		食品电子束辐照通用技术规范	中国农业科学院农产品加工研究所、宁波超能科技股份有限公司、农业部辐照产品质量监督检验测试中心、江苏省农业科学院原子能研究所、清华同方威视股份有限公司	本标准规定了食品电子束辐照的通用要求、质量控制、包装、重复辐照和标识。 本标准适用于食品的电子束辐照处理。

（续）

标准号	被替代标准号	标准名称	起草单位	范　围
NY/T 2210—2012		马铃薯辐照抑制发芽技术规范	中国农业科学院农产品加工研究所、农业部辐照产品质量监督检验测试中心、江苏省农业科学院原子能研究所、清华大学	本标准规定了马铃薯块茎辐照抑制发芽的辐照前要求、辐照后质量要求、辐照标识和运输、贮存要求。 本标准适用于马铃薯块茎辐照抑制发芽。
NY/T 2211—2012		含纤维素辐照食品鉴定　电子自旋共振法	中国农业科学院农产品加工研究所、农业部辐照产品质量监督检验测试中心、中国计量科学研究院、江苏瑞迪生科技有限公司	本标准规定了辐照含纤维素类食品的鉴定方法。 本标准适用于含纤维素类干果、香料及水果类食品辐照与否的鉴定。
NY/T 2212—2012		含脂辐照食品鉴定　气相色谱分析　碳氢化合物法	中国农业科学院农产品加工研究所、农业部辐照产品质量监督检验测试中心	本标准规定了含脂辐照食品的气相色谱分析鉴定方法。 本标准适用于生鲜肉类、水果类、干果类、谷物类等含脂食品辐照与否鉴定，其他含脂食品辐照鉴定可参照执行。
NY/T 2213—2012		辐照食用菌鉴定　热释光法	中国农业科学院农产品加工研究所、农业部辐照产品质量监督检验测试中心	本标准规定了辐照食用菌热释光的鉴定方法和判定依据。 本标准适用于食用菌类产品的辐照与否鉴定。
NY/T 2214—2012		辐照食品鉴定　光释光法	中国农业科学院农产品加工研究所、农业部辐照产品质量监督检验测试中心	本标准规定了食品辐照与否的光释光快速筛查方法。 本标准适用于贝类、中草药、香辛料和调味品类产品。

（续）

标准号	被替代标准号	标准名称	起草单位	范　　围
NY/T 2215—2012		含脂辐照食品鉴定　气相色谱质谱分析　2-烷基环丁酮法	中国农业科学院农产品加工研究所、农业部辐照产品质量监督检验测试中心	本标准规定了含脂类辐照食品的鉴定方法和判定依据。 本标准适用于脂肪含量大于1%的食品。
NY/T 2223—2012		植物新品种特异性、一致性和稳定性测试指南　不结球白菜	农业部植物新品种测试（南京）分中心、南京农业大学、农业部植物新品种测试中心	本标准规定了不结球白菜（*Brassica campestris* ssp. *chinensis* Makino）新品种特异性、一致性和稳定性测试的技术要求和结果判定的一般原则。 本标准适用于不结球白菜亚种（*Brassica campestris* ssp. *chinensis* Makino）中的五个变种，即普通白菜变种 var. *communis* Tsen et Lee（var. *erecta* Mao）；塌菜变种 var. *rosularism* Tesn et Lee（var. *atrovirens* Mao）；菜薹变种 var. *tsai - tai* Hort.（var. *purpurea* Mao）；薹菜变种 var. *tai - tsai* Hort.；多头菜变种 var. *multiceps* Hort.（var. *nipponsinica* Hort.）的所有品种。
NY/T 2224—2012		植物新品种特异性、一致性和稳定性测试指南　大麦	农业部科技发展中心、浙江省农业科学院、青海省农林科学院	本标准规定了大麦新品种特异性、一致性和稳定性（DUS）测试的技术要求和结果判定的一般原则。 本标准适用于大麦（*Hordeum vulgare* L.）新品种特异性、一致性和稳定性测试和结果判定。

（续）

标准号	被替代标准号	标准名称	起草单位	范　　围
NY/T 2225—2012		植物新品种特异性、一致性和稳定性测试指南　芍药	中国农业科学院蔬菜花卉研究所、农业部科技发展中心、中国花卉协会牡丹芍药分会、山东农业大学林学院	本标准规定了芍药（*Paeonia lactiflora* Pall.）新品种特异性、一致性和稳定性测试的技术要求和结果判定的一般原则。 本标准适用于芍药新品种特异性、一致性和稳定性测试和结果判定。
NY/T 2226—2012		植物新品种特异性、一致性和稳定性测试指南　郁金香属	中国农业科学院蔬菜花卉研究所、北京植物园、农业部科技发展中心	本标准规定了郁金香属植物新品种特异性、一致性和稳定性测试的技术要求和结果判定的一般原则。 本标准适用于郁金香属（*Tulipa* L.）植物新品种特异性、一致性和稳定性测试和结果判定。
NY/T 2227—2012		植物新品种特异性、一致性和稳定性测试指南　石竹属	云南省农业科学院质量标准与检测技术研究所、云南省农业科学院花卉研究所、农业部科技发展中心、中国农业科学院蔬菜花卉研究所	本标准规定了石竹属新品种特异性、一致性和稳定性测试的技术要求和结果判定的一般原则。 本标准适用于石竹属（*Dianthus* L.）新品种特异性、一致性和稳定性测试和结果判定。 本标准适用于玉米（*Zea mays* L.）新品种特异性、一致性和稳定性测试和结果判定。
NY/T 2228—2012		植物新品种特异性、一致性和稳定性测试指南　菊花	云南省农业科学院质量标准与检测技术研究所、中国农业大学、农业部科技发展中心、昆明虹之华园艺有限公司	本标准规定了菊花新品种特异性、一致性和稳定性测试的技术要求和结果判定的一般原则。 本标准适用于菊花［*Chrysanthemum* ×*morifolium* Ramat.（*Chrysanthemum* × *grandiflorum* Ramat.）］品种及其杂交种新品种特异性、一致性和稳定性测试和结果判定。

（续）

标准号	被替代标准号	标准名称	起草单位	范　围
NY/T 2229—2012		植物新品种特异性、一致性和稳定性测试指南　百合	云南省农业科学院质量标准与检测技术研究所、中国农业大学、农业部植物新品种测试中心、云南省农业科学院花卉研究所	本标准规定了百合新品种特异性、一致性和稳定性测试的技术要求和结果判定的一般原则。 本标准适用于百合属（*Lilium* L.）新品种特异性、一致性和稳定性测试和结果判定。
NY/T 2230—2012		植物新品种特异性、一致性和稳定性测试指南　蝴蝶兰	广东省农业科学院花卉研究所、农业部科技发展中心、农业部植物新品种测试广州分中心	本标准规定了蝴蝶兰新品种特异性、一致性和稳定性测试的技术要求和结果判定的一般原则。 本标准适用于蝴蝶兰属（*Phalaenopsis* Blume）、朵丽蝶兰属（蝴蝶兰与朵丽兰杂交属，× *Doritaenopsis* Hort.）新品种特异性、一致性和稳定性测试和结果判定。
NY/T 2231—2012		植物新品种特异性、一致性和稳定性测试指南　梨	中国农业科学院果树研究所、吉林省农业科学院、农业部科技发展中心	本标准规定了梨新品种特异性、一致性和稳定性测试的技术要求和结果判定的一般原则。 本标准适用于梨属（*Pyrus* L.）秋子梨（*P. ussuriensis* Maxim.）、白梨（*P. bretschneideri* Reld.）、砂梨（*P. pyrifolia* Nakai.）、西洋梨（*P. communis* L.）新品种特异性、一致性和稳定性测试和结果判定。
NY/T 2232—2012		植物新品种特异性、一致性和稳定性测试指南　玉米	农业部科技发展中心、吉林省农业科学院、中国农业科学院作物科学研究所、山东省农业科学院、四川省农业科学院	本标准规定了玉米新品种特异性、一致性和稳定性测试的技术要求和结果判定的一般原则。

（续）

标准号	被替代标准号	标准名称	起草单位	范　　围
NY/T 2233—2012		植物新品种特异性、一致性和稳定性测试指南　高粱	农业部科技发展中心、吉林省农业科学院、辽宁省农业科学院	本标准规定了高粱新品种特异性、一致性和稳定性测试的技术要求和结果判定的一般原则。 本标准适用于高粱［*Sorghum bicolor* (L.) Moench］新品种特异性、一致性和稳定性测试和结果判定。
NY/T 2234—2012		植物新品种特异性、一致性和稳定性测试指南　辣椒	湖南省农业科学院、农业部植物新品种测试（上海）分中心、农业部科技发展中心、农业部植物新品种测试（北京）分中心	本标准规定了辣椒新品种特异性、一致性和稳定性测试的技术要求和结果判定的一般原则。 本标准适用于辣椒（*Capsicum annuum* L.）新品种特异性、一致性和稳定性测试和结果判定。
NY/T 2235—2012		植物新品种特异性、一致性和稳定性测试指南　黄瓜	天津科润农业科技股份有限公司黄瓜研究所、农业部植物新品种测试（上海）分中心、农业部科技发展中心、农业部植物新品种测试（北京）分中心	本标准规定了黄瓜新品种特异性、一致性和稳定性测试的技术要求和结果判定的一般原则。本标准适用于黄瓜（*Cucumis sativus* L.）新品种特异性、一致性和稳定性测试和结果判定。
NY/T 2236—2012		植物新品种特异性、一致性和稳定性测试指南　番茄	中国农业科学院蔬菜花卉研究所、农业部植物新品种测试（上海）分中心、农业部科技发展中心	本标准规定了番茄新品种特异性、一致性和稳定性测试的技术要求和结果判定的一般原则。 本标准适用于番茄（*Lycopersicon esculantum* Mill）新品种特异性、一致性和稳定性测试和结果判定。

（续）

标准号	被替代标准号	标准名称	起草单位	范　　围
NY/T 2237—2012		植物新品种特异性、一致性和稳定性测试指南　花生	农业部植物新品种测试中心、山东省农业科学院花生研究所、农业部植物新品种测试（广州）分中心、华南农业大学农学院	本标准规定了花生新品种特异性、一致性和稳定性测试的技术要求和结果判定的一般原则。 本标准适用于花生（*Arachis hypogaea* L.）新品种特异性、一致性和稳定性测试和结果判定。
NY/T 2238—2012		植物新品种特异性、一致性和稳定性测试指南　棉花	农业部植物新品种测试（南京）分中心、农业部棉花品质监督检验测试中心、农业部科技发展中心、农业部植物新品种测试（乌鲁木齐）分中心、农业部植物新品种测试（济南）分中心	本标准规定了棉花新品种特异性、一致性和稳定性测试的技术要求和结果判定的一般原则。 本标准适用于陆地棉（*Gossypium hirsutum* L.）与海岛棉（*Gossypium barbadense* L.）。
NY/T 2239—2012		植物新品种特异性、一致性和稳定性测试指南　甘蓝型油菜	中国农业科学院油料作物研究所、四川省农业科学院作物研究所、农业部科技发展中心、江苏省农业科学院粮食作物研究所	本标准规定了甘蓝型油菜（*Brassica napus* L.）新品种特异性、一致性和稳定性测试的技术要求和结果判定的一般原则。 本标准适用于甘蓝型油菜（*Brassica napus* L.）品种特异性、一致性和稳定性测试和结果判定。
NY/T 2276—2012		制汁甜橙	中国农业科学院柑橘研究所、重庆三峡建设集团有限公司	本标准规定了制汁用甜橙相关的品种、要求、检验方法、检验规则、包装运输和贮存。 本标准适用于制汁甜橙的生产指导与购销。

（续）

标准号	被替代标准号	标准名称	起草单位	范　围
NY/T 2277—2012		水果蔬菜中有机酸和阴离子的测定　离子色谱法	农业部食品质量监督检验测试中心（佳木斯）	本标准规定了水果、蔬菜中有机酸和阴离子离子色谱的测定方法。 本标准适用于水果、蔬菜中氯离子、亚硝酸根、硝酸根、硫酸根、磷酸二氢根、苯甲酸、山梨酸、苹果酸、琥珀酸和柠檬酸的测定。
NY/T 2278—2012		灵芝产品中灵芝酸含量的测定　高效液相色谱法	农业部食用菌产品质量监督检验测试中心（上海）、上海市农业科学院农产品质量标准与检测技术研究所	本标准规定了灵芝及其制品中灵芝酸A和灵芝酸B的高效液相色谱测定方法。 本标准适用于灵芝及其制品中灵芝酸A和灵芝酸B的测定。 本标准灵芝酸A和灵芝酸B的定量测定范围均为30mg/kg～500mg/kg。 本标准灵芝酸A和灵芝酸B的检测限均为10mg/kg。
NY/T 2279—2012		食用菌中岩藻糖、阿糖醇、海藻糖、甘露醇、甘露糖、葡萄糖、半乳糖、核糖的测定　离子色谱法	农业部食用菌产品质量监督检验测试中心（上海）、上海市农业科学院农产品质量标准与检测技术研究所、上海市农业科学院食用菌研究所	本标准规定了食用菌中岩藻糖、阿糖醇、海藻糖、甘露醇、甘露糖、葡萄糖、半乳糖、核糖离子色谱的测定方法。 本标准适用于食用菌中岩藻糖、阿糖醇、海藻糖、甘露醇、甘露糖、葡萄糖、半乳糖、核糖的测定。
NY/T 2280—2012		双孢蘑菇中蘑菇氨酸的测定　高效液相色谱法	农业部食用菌产品质量监督检验测试中心（上海）、上海市农业科学院农产品质量标准与检测技术研究所、上海市奉贤区食用农产品质量安全检测中心、上海市农业技术推广服务中心	本标准规定了双孢蘑菇中蘑菇氨酸的高效液相色谱测定方法。 本标准适用于双孢蘑菇中蘑菇氨酸的测定，其他食用菌中蘑菇氨酸的测定可参照本方法。 本标准方法蘑菇氨酸的检出限鲜品为1.0mg/kg，干品为10.0mg/kg；定量限鲜品为3.0mg/kg，干品为30.0mg/kg。

2 畜牧兽医

2.1 动物检疫、兽医与疫病防治、畜禽场环境

标准号	被替代标准号	标准名称	起草单位	范　　围
GB/T 28419—2012		风沙源区草原沙化遥感监测技术导则	全国畜牧总站、内蒙古草原勘察设计院	本标准规定了风沙源区草原沙化遥感监测的内容和方法。 本标准适用于风沙源区草原沙化遥感监测。
NY/T 2168—2012		草原防火物资储备库建设标准	农业部规划设计研究院、农业部草原监理中心	本标准规定了草原防火物资储备库建设选址、建设规模与项目构成、规划布局、建筑与结构、配套工程、储备物资装备及主要技术经济指标。 本标准适用于省、市、县级草原防火物资储备库（站）新建项目，改建或扩建项目可参照。
NY/T 2169—2012		种羊场建设标准	农业部规划设计研究院、中国农业科学院北京畜牧兽医研究所	本标准规定了种羊场的场址选择、场区布局、建设规模和项目构成、工艺和设备、建筑和结构、配套工程、粪污无害化处理、防疫设施和主要技术经济指标。 本标准适用于农区、半农半牧区舍饲半舍饲模式下，种母羊存栏 300 只～3 000 只的新建、改建及扩建种羊场（包括绵羊场和山羊场）；牧区及其他类型羊场建设亦可参照执行。

（续）

标准号	被替代标准号	标准名称	起草单位	范　围
NY/T 2241—2012		种猪性能测定中心建设标准	农业部工程建设服务中心、中国农业科学院北京畜牧兽医研究所	本标准规定了种猪性能测定中心的建设规模与项目构成、场址与建设条件、工艺与设备、建设用地与场区布局、建筑工程与附属设施、环城公路和主要技术经济指标等。 本标准适用于每批次同时测定种猪200头以上的种猪性能测定中心建设；测定能力在200头种猪以下的种猪测定站可参照执行。
NY/T 2275—2012		草原田鼠防治技术规程	中国农业大学、全国畜牧总站	本标准规定了草原田鼠防治的技术操作要求。 本标准适用于采用化学、物理、生物及生态治理方法防治各种草原田鼠。

2.2 畜禽及其产品

标准号	被替代标准号	标准名称	起草单位	范　围
GB/T 29387—2012		蛋鸭生产性能测定技术规范	农业部家禽品质监督检验测试中心（扬州）、中国农业科学院家禽研究所	本标准规定了商品代蛋鸭和蛋种鸭生产性能测定的基本条件、受测品种（配套系）要求、测定项目、种蛋取样、测定数量与分组、测定方法和检验报告。 本标准适用于蛋种鸭和商品代蛋鸭生产性能测定。

（续）

标准号	被替代标准号	标准名称	起草单位	范　　围
GB/T 29388—2012		肉鹅生产性能测定技术规范	农业部家禽品质监督检验测试中心（扬州）、中国农业科学院家禽研究所	本标准规定了种鹅和商品代肉鹅生产性能测定的基本条件、受测品种（配套系）要求、测定项目、种蛋取样、测定数量与分组、测定方法和检验报告。 本标准适用于种鹅和商品代肉鹅生产性能测定。
GB/T 29389—2012		肉鸭生产性能测定技术规范	农业部家禽品质监督检验测试中心（扬州）、中国农业科学院家禽研究所	本标准规定了肉种鸭和商品代肉鸭生产性能测定的基本条件、受测品种（配套系）要求、测定项目、种蛋取样、测定数量与分组、测定方法和检验报告。 本标准适用于肉种鸭和商品代肉鸭生产性能测定。
NY/T 2122—2012		肉鸭饲养标准	中国农业科学院北京畜牧兽医研究所	本标准规定了肉鸭各生长阶段主要营养素需要量及肉鸭常用饲料原料的营养价值。 本标准适用于北京鸭、肉蛋兼用型肉鸭及番鸭与半番鸭。
NY/T 2123—2012		蛋鸡生产性能测定技术规范	中国农业大学	本标准规定了蛋鸡生产性能测定的基本条件、受测品种的要求、种蛋取样、测定数量和重复数、测定项目、测定和统计方法、饲养管理条件、饲料要求、记录档案、检验报告等要求。 本标准适用于对蛋鸡品种、配套系父母代、配套系商品代的检验。

（续）

标准号	被替代标准号	标准名称	起草单位	范　　围
NY/T 2124—2012		文昌鸡	江苏省家禽科学研究所、海南（潭牛）文昌鸡股份有限公司、农业部家禽品质监督检验测试中心（扬州）	本标准规定了文昌鸡的原产地和品种特性、体型外貌、成年体重和体尺、生产性能及测定方法。 本标准适用于文昌鸡品种的鉴别。
NY/T 2125—2012		清远麻鸡	中国农业科学院家禽研究所、广东天农食品有限公司	本标准规定了清远麻鸡的原产地和品种特性、体型外貌、成年体重和体尺、生产性能及测定方法。 本标准适用于清远麻鸡的鉴别。
NY/T 2219—2012		超细羊毛	新疆维吾尔自治区畜牧业质量标准研究所、农业部种羊及羊毛羊绒质量监督检验中心（乌鲁木齐）	本标准规定了超细羊毛的分级技术要求、检验方法、检验规则、标识、包装、贮存与运输。 本标准适用于超细羊毛的生产、分级、包装和检验。
NY/T 2220—2012		山羊绒分级整理技术规范	农业部种羊及羊毛羊绒质量监督检验中心（乌鲁木齐）、新疆维吾尔自治区畜牧业质量标准研究所	本标准规定了山羊绒分级整理的分群、人员要求、场地设施及容器要求和分级整理。 本标准适用于山羊绒分级整理。
NY/T 2221—2012		地毯用羊毛分级整理技术规范	农业部种羊及羊毛羊绒质量监督检验中心（乌鲁木齐）、新疆维吾尔自治区畜牧业质量标准研究所	本标准规定了地毯用羊毛分级整理技术要求。 本标准适用于地毯用羊毛的分级整理。
NY/T 2222—2012		动物纤维直径及成分检测显微图像分析仪法	农业部动物毛皮及制品质量监督检验测试中心（兰州）、中国农业科学院兰州畜牧与兽药研究所	本标准规定了应用显微图像分析仪测定羊毛、羊绒和其他动物纤维平均直径及其混合纤维各成分含量的方法。 本标准适用于羊毛、羊绒和其他动物纤维平均直径及其混合纤维成分的检测。

2.3 畜禽饲料与添加剂

标准号	被替代标准号	标准名称	起草单位	范　围
农业部 1730 号公告—1—2012		饲料中 8 种苯并咪唑类药物的测定　液相色谱—串联质谱法和液相色谱法	农业部农产品质量安全监督检验测试中心（宁波）、中国计量学院	本标准规定了饲料中 8 种苯并咪唑类药物（噻苯达唑、阿苯达唑、芬苯达唑、奥芬达唑、氟苯达唑、甲苯咪唑、氧苯达唑和三氯苯达唑）含量的液相色谱—串联质谱测定方法和液相色谱测定方法。 本标准适用于配合饲料、浓缩饲料和预混合饲料中苯并咪唑类药物的测定。 本标准的方法检出限和定量限：液相色谱串联质谱法的检出限为 0.20mg/kg，定量限为 0.50mg/kg；液相色谱法的检出限为 0.20mg/kg，定量限为 0.50mg/kg。
农业部 1862 号公告—1—2012		饲料中巴氯芬的测定　液相色谱—串联质谱法	上海市兽药饲料检测所	本标准规定了饲料中巴氯芬的液相色谱—串联质谱测定方法（LC-MS/MS）。 本标准适用于配合饲料、浓缩饲料、添加剂预混合饲料及精料补充料中巴氯芬的测定。 本方法的检出限为 0.01mg/kg，定量限为 0.02mg/kg。

（续）

标准号	被替代标准号	标准名称	起草单位	范　围
农业部 1862 号公告—2—2012		饲料中喹吡旦的测定　高效液相色谱法/液相色谱—串联质谱法	浙江省饲料监察所、浙江大学饲料研究所	本标准规定了饲料中喹吡旦的高效液相色谱和液相色谱—串联质谱测定方法，液相色谱—串联质谱法为确证方法。 本标准适用于配合饲料、浓缩饲料和预混合饲料中喹吡旦的测定。 本标准高效液相色谱法检测限为 0.4mg/kg，定量限为 1.0mg/kg；液相色谱—串联质谱法检测限为 0.02mg/kg，定量限为 0.05mg/kg。
农业部 1862 号公告—3—2012		饲料中万古霉素的测定　液相色谱—串联质谱法	河南省饲料产品质量监督检验站	本标准规定了饲料中万古霉素含量测定的液相色谱—串联质谱方法。 本标准适用于配合饲料、浓缩饲料、精料补充料和添加剂预混合饲料中万古霉素的测定。 本标准的检测限为 0.05mg/kg，定量限为 0.1mg/kg。
农业部 1862 号公告—4—2012		饲料中 5 种聚醚类药物的测定　液相色谱—串联质谱法	中国农业大学	本标准规定了配合饲料、浓缩饲料、添加剂预混合饲料中聚醚类药物的液相色谱—串联质谱分析方法。 本标准适用于配合饲料、浓缩饲料、添加剂预混合饲料中甲基盐霉素、盐霉素、莫能菌素、拉沙洛西钠和马杜霉素含量的测定。 本标准 5 种聚醚类药物的定量限均为 10.0μg/kg。

（续）

标准号	被替代标准号	标准名称	起草单位	范　围
农业部 1862 号公告—5—2012		饲料中地克珠利的测定 液相色谱—串联质谱法	中国农业大学	本标准规定了配合饲料、浓缩饲料、添加剂预混合饲料中地克珠利的液相色谱—串联质谱分析方法。 本标准适用于配合饲料、浓缩饲料、添加剂预混合饲料中地克珠利含量的测定。 本标准地克珠利的定量限为 5.0μg/kg。
农业部 1862 号公告—6—2012		饲料中恶喹酸的测定　高效液相色谱法	中国农业大学	本标准规定了配合饲料、浓缩饲料、添加剂预混合饲料中恶喹酸的高效液相色谱分析方法。 本标准适用于配合饲料、浓缩饲料、添加剂预混合饲料中恶喹酸含量的测定。 本标准恶喹酸的定量限为 20.0μg/kg。
农业部 1879 号公告—2—2012		饲料中磺胺氯吡嗪钠的测定　高效液相色谱法	农业部饲料质量监督检验测试中心（成都）、中国饲料工业协会	本标准规定了饲料中磺胺氯吡嗪钠的高效液相色谱（HPLC）检测方法。 本标准适用于配合饲料、浓缩饲料、添加剂预混合饲料中磺胺氯吡嗪钠的测定。 本标准的检测限为 0.5mg/kg，定量限为 2.0mg/kg。

（续）

标准号	被替代标准号	标准名称	起草单位	范　　围
NY/T 1756—2012	NY/T 1756—2009	饲料中孔雀石绿的测定	中国农业科学院农业质量标准与检测技术研究所［国家饲料质量监督检验中心（北京）］、浙江省饲料监察所	本标准规定了用液相色谱仪和液相色谱—串联质谱仪测定饲料中的孔雀石绿及其同系物无色孔雀石绿含量的方法。 本标准分为高效液相色谱法和高效液相色谱—串联质谱法，高效液相色谱—串联质谱法为确证法。 本标准高效液相色谱法适用于鱼粉、配合饲料、浓缩饲料、添加剂预混合饲料、精料补充料中孔雀石绿和无色孔雀石绿含量的测定；高效液相色谱—串联质谱法适用于鱼粉、植物性饲料原料、配合饲料、浓缩饲料、添加剂预混合饲料、精料补充料中孔雀石绿和无色孔雀石绿含量的测定。 液相色谱法测定孔雀石绿和无色孔雀石绿的定量限均为 10μg/kg；液相色谱—串联质谱法测定孔雀石绿和无色孔雀石绿的定量限均为 1.0μg/kg。
NY/T 2126—2012		草种质资源保存技术规程	全国畜牧总站、中国农业科学院草原研究所、中国热带作物科学院品种资源研究所、中国农业科学院北京畜牧兽医研究所	本标准规定了草种质资源的保存方法及其技术要求。 本标准适用于草种质资源的保存。

（续）

标准号	被替代标准号	标准名称	起草单位	范　围
NY/T 2127—2012		牧草种质资源田间评价技术规程	中国农业科学院北京畜牧兽医研究所、全国畜牧总站	本标准规定了牧草种质资源田间评价的技术要求和方法。 本标准适用于禾本科牧草和豆科牧草种质资源田间评价的评价地基本信息、建植与取样、形态特征、生物学特性和农艺性状的评价。
NY/T 2128—2012		草块	全国畜牧总站、农业部全国草业产品质量监督检验测试中心、甘肃农业大学、内蒙古农业大学、甘肃省草原技术推广总站	本标准规定了草块质量分级指标、检验方法和分级判定规则。 本标准适用于以豆科饲草、禾本科饲草、混合饲草等为原料加工制成的饲用草块产品。
NY/T 2129—2012		饲草产品抽样技术规程	全国畜牧总站、农业部全国草业产品质量监督检验测试中心、甘肃农业大学、中国农业大学、甘肃省草原技术推广总站、内蒙古农业大学	本标准规定了饲草产品的抽样方法和技术要求。 本标准适用于干草捆、草粉、草颗粒、草块和青贮饲料的抽样。
NY/T 2130—2012		饲料中烟酰胺的测定　高效液相色谱法	农业部饲料质量监督检验测试中心（西安）	本标准规定了饲料中烟酰胺含量的高效液相色谱检测方法。 本标准适用于配合饲料、浓缩饲料和添加剂预混合饲料中烟酰胺的测定。 本标准的定量限为 1mg/kg。

（续）

标准号	被替代标准号	标准名称	起草单位	范　　围
NY/T 2131—2012		饲料添加剂　枯草芽孢杆菌	中国农业科学院北京畜牧兽医研究所	本标准规定了饲料添加剂枯草芽孢杆菌产品的要求、试验方法、检验规则、判定规则、标签、包装、运输、贮存及保质期。 本标准适用于枯草芽孢杆菌饲料添加剂固体产品。
NY/T 2218—2012		饲料原料　发酵豆粕	中国农业科学院饲料研究所	本标准规定了饲料原料发酵豆粕的要求、采样及试验方法、检验规则、判定规则、标志、包装、运输、贮存和保质期。 本标准适用于以大豆粕为主要原料（≥95%），以麸皮、玉米皮为辅助原料，使用农业部《饲料添加剂品种目录》中批准使用的微生物菌种进行固态发酵，并经干燥制成的蛋白质饲料原料产品。
NY/T 2297—2012		饲料中苯甲酸和山梨酸的测定	农业部饲料质量监督检验测试中心（成都）	本标准规定了饲料中苯甲酸和山梨酸的高效液相色谱测定方法。 本标准适用于配合饲料、浓缩饲料、添加剂预混合饲料和精料补充料中苯甲酸和山梨酸的测定。 本标准的检测限：苯甲酸和山梨酸均为 20mg/kg。 本标准的定量限：苯甲酸和山梨酸均为 50mg/kg。

3 渔业

3.1 水产养殖

标准号	被替代标准号	标准名称	起草单位	范　　围
SC/T 1008—2012	SC/T 1008—1994	淡水鱼苗种池塘常规培育技术规范	中国水产科学研究院长江水产研究所	本标准规定了淡水鱼苗种池塘常规培育的环境条件、放养前的准备、夏华鱼种培育、鱼种培育、鱼病防治及越冬管理等技术要求。 本标准适用于青鱼、草鱼、鲢、鳙等淡水养殖鱼类鱼苗鱼种的池塘常规培育。
SC/T 1111—2012		河蟹养殖质量安全管理技术规程	农业部农产品质量安全中心渔业产品认证分中心、中国水产科学研究院、江苏省淡水水产研究所、江苏省溧阳市长荡湖水产养殖场	本标准规定了河蟹养殖良好操作和质量安全管理体系的要求。 本标准适用于河蟹生产单位建立和实施河蟹养殖质量安全管理体系；也适用于评定河蟹生产单位的质量安全保证能力。
SC/T 1112—2012		斑点叉尾鮰　亲鱼和苗种	江苏省淡水水产研究所	本标准规定了斑点叉尾鮰（*Ictalurus punctatus*）亲鱼和苗种来源、质量要求、检验方法、检验规则。 本标准适用于斑点叉尾鮰亲鱼和苗种质量评定。

（续）

标准号	被替代标准号	标准名称	起草单位	范　　围
SC/T 1115—2012		剑尾鱼　RR-B系	中国水产科学研究院珠江水产研究所	本标准给出了剑尾鱼（*Xiphophorus helleri*）RR-B系的主要形态构造特征、生长与繁殖、遗传学特性及检测方法。 本标准适用于剑尾鱼RR-B系品种检测与鉴定。
SC/T 1116—2012		水产新品种审定技术规范	全国水产技术推广总站、集美大学、中国水产科学研究院黄海水产研究所、中国海洋大学、中国科学院海洋研究所	本标准规定了鱼类、虾蟹类、贝类和藻类选育种和杂交种审定的技术要求。 本标准适用于鱼类、虾蟹类、贝类和藻类选育种和杂交种的审定；其他水产新品种的审定可参照执行。
SC/T 2003—2012		刺参　亲参和苗种	中国水产科学研究院黄海水产研究所、大连渔业协会、大连壹桥海洋苗业股份有限公司、山东东方海洋科技股份有限公司、大连棒棰岛海产股份有限公司、大连獐子岛渔业集团股份有限公司、好当家集团有限公司	本标准规定了刺参［*Apostichopus japonicus*（Selenka）］亲参、苗种的来源、规格、质量要求、检验方法、检验规则、亲参采捕要求、苗种计数方法和运输要求。 本标准适用于刺参增养殖过程中亲参、苗种的质量评定。

（续）

标准号	被替代标准号	标准名称	起草单位	范　　围
SC/T 2009—2012		半滑舌鳎　亲鱼和苗种	河北省水产技术推广站	本标准规定了半滑舌鳎（*Cynoglossus semilaevis* Gunther）亲鱼和苗种的来源、亲鱼人工繁殖年龄、苗种规格、质量要求、检验方法、检验规则和运输要求。 本标准适用于半滑舌鳎亲鱼和苗种的质量评定。
SC/T 2016—2012		拟穴青蟹　亲蟹和苗种	中国水产科学研究院东海水产研究所、浙江省温岭市水产技术推广站	本标准规定了拟穴青蟹（*Scylla paramamosain*，Estampador 1949）繁育用雌性亲蟹及人工培育蟹苗的质量要求、检验方法、判定规则，蟹苗计数方法以及包装与运输。 本标准适用于拟穴青蟹亲蟹和人工培育苗种的质量评定。
SC/T 2025—2012		眼斑拟石首鱼　亲鱼和苗种	中国水产科学研究院南海水产研究所	本标准规定了眼斑拟石首鱼［*Sciaenops ocellatus*（Linnaeus，1766）］亲鱼和苗种的来源、亲鱼人工繁殖年龄、苗种规格、质量要求、检验检疫方法、检验规则和运输要求。 本标准适用于眼斑拟石首鱼亲鱼和苗种的质量评定。
SC/T 2054—2012		鮸状黄姑鱼	中国水产科学研究院黄海水产研究所	本标准给出了鮸状黄姑鱼（*Nibea miichthioides* Richardson）的学名与分类、形态特征、生长与繁殖、细胞遗传学和生化遗传学特性以及检测方法。 本标准适用于鮸状黄姑鱼种质的检测和鉴定。

（续）

标准号	被替代标准号	标准名称	起草单位	范　围
SC/T 2043—2012		斑节对虾　亲虾和苗种	中国水产科学研究院南海水产研究所	本标准规定了斑节对虾（*Penaeus monodon* Fabricius）亲虾和苗种的来源、质量要求、检疫、检验方法、检验规则和运输要求。 本标准适用于斑节对虾亲虾和苗种的质量评定。
SC/T 5051—2012		观赏渔业通用名词术语	中国水产科学研究院珠江水产研究所、浙江亿达生物科技有限公司、平湖市产品质量监督检验所	本标准给出了观赏渔业（包括水生观赏性动植物）的基本术语及其定义。 本标准适用于观赏渔业。
SC/T 5052—2012		热带观赏鱼命名规则	中国水产科学研究院珠江水产研究所、浙江亿达生物科技有限公司、平湖市产品质量监督检验所	本标准规定了热带观赏鱼的商业命名规则。 本标准适用于热带观赏鱼。
SC/T 5101—2012		观赏鱼养殖场条件　锦鲤	中国水产科学研究院珠江水产研究所、浙江亿达生物科技有限公司、平湖市产品质量监督检验所	本标准给出了锦鲤养殖场的环境条件、场区划分、养殖设施、养殖设备、配套设施、附属设施和隔离检疫区等要求。 本标准适用于锦鲤养殖场。
SC/T 5102—2012		观赏鱼养殖场条件　金鱼	中国水产科学研究院珠江水产研究所、浙江亿达生物科技有限公司、平湖市产品质量监督检验所	本标准给出了新建或改建的金鱼养殖场的环境条件、场区划分、养殖设施、水处理设施和设备、运输前处理设施、隔离观察区和隔离设施、配套和附属设施等要求。 本标准适用于金鱼养殖场。

（续）

标准号	被替代标准号	标准名称	起草单位	范　　围
SC/T 6073—2012		水生哺乳动物饲养设施要求	中国野生动物保护协会水生野生动物保护分会、洛阳龙门海洋馆有限责任公司、北京亿华海景科技发展有限公司、香港海洋公园、中国科学院水生生物研究所、北京利达海洋生物馆有限公司、武汉海洋世界水族观赏有限公司、天津极地旅游有限公司、成都极地海洋实业有限公司管理分公司、宁波神凤海洋世界有限公司、广州海洋生物科普有限公司、北京工体富国海底世界、建荣皇家海洋科普世界（沈阳）有限公司、通用海洋生态工程（北京）有限公司	本标准规定了水生哺乳动物饲养的设施要求。 本标准适用于水族馆及相关机构鲸类动物和鳍足类动物的饲养；其他水生哺乳动物可参照执行。
SC/T 6074—2012		水族馆术语	山西太原迎泽公园海底世界、中国野生动物保护协会水生野生动物保护分会、香港海洋公园、广州海洋生物科普有限公司（广州海洋馆）、西安曲江文化旅游（集团）有限公司海洋公园分公司、山东蓬莱八仙过海旅游有限公司海洋科技馆、铃兰太湖水底世界（苏州）有限公司、北京太平洋海底世界、南京海底世界有限公司、武汉海洋世界水族观赏有限公司、合肥汉海极地海洋世界有限责任公司等	本标准规定了水族馆及与水族馆密切相关的基本术语和定义。 本标准适用于水族馆及与水族馆密切相关的领域。

（续）

标准号	被替代标准号	标准名称	起草单位	范　　围
SC/T 9403—2012		海洋渔业资源调查规范	中国水产科学研究院黄海水产研究所	本标准规定了海洋渔业资源调查的开展程序、质量控制、计划制订、调查装备、导航定位、人员组织、资料整理、报告编写、资料归档与验收的基本要求。 本标准适用于我国近海渔业资源和生物环境的调查及其组织管理。
SC/T 9404—2012		水下爆破作业对水生生物资源及生态环境损害评估方法	中国水产科学研究院东海水产研究所	本标准规定了水下爆破作业对水生生物资源及生态环境损害评估的主要内容、方法和要求。 本标准适用于中华人民共和国管辖的水域内水下爆破作业对水生生物资源及生态环境损害的评估。
SC/T 9405—2012		岛礁水域生物资源调查评估技术规范	中国水产科学研究院南海水产研究所	本标准规定了岛屿礁水域生物资源调查的一般规定、调查（测定）要素、技术要求、采样、样品观测、资料整理等基本要求和方法。 本标准适用于海岛、珊瑚礁和岩礁等岛屿礁水域生物资源调查评估。
SC/T 9406—2012		盐碱地水产养殖用水水质	中国水产科学研究院东海水产研究所	本标准规定了盐碱地水产养殖用水水质要求。 本标准适用于不同类型盐碱地水产养殖用水水质检测与判定。

（续）

标准号	被替代标准号	标准名称	起草单位	范　　围
SC/T 9407—2012		河流漂流性鱼卵、仔鱼采样技术规范	中国水产科学研究院珠江水产研究所	本标准规定了河流漂流性鱼卵、仔鱼采样所用工具及材料、采样时间、站位设置、采样水层、样品数据采集、样品收集与保存、鱼卵仔鱼密度估算方法等技术要求。 本标准适用于河流漂流性鱼卵、仔鱼的调查研究。
SC/T 9408—2012		水生生物自然保护区评价技术规范	中国水产科学研究院南海水产研究所	本标准规定了水生生物自然保护区选划评价的主要内容、评价方法、科考报告及相关规划的编写要求。 本标准适用于水生生物自然保护区的申报及评审评价。
SC/T 9409—2012		水生哺乳动物谱系记录规范	中国科学院水生生物研究所、中国野生动物保护协会水生野生动物保护分会、辽宁省海洋水产科学研究院、香港海洋公园、成都极地海洋实业有限公司管理分公司、大连老虎滩海洋公园有限公司、北京工体富国海底世界、北京利达海洋生物馆有限公司	本标准规定了饲养水生哺乳动物谱系记录的内容及方法、时间记录方法和谱系保管。 本标准适用于水族馆饲养的水生哺乳动物谱系记录；其他有关部门可参照执行。

（续）

标准号	被替代标准号	标准名称	起草单位	范　　围
SC/T 9410—2012		水族馆水生哺乳动物驯养技术等级划分要求	中国野生动物保护协会水生野生动物保护分会、北京利达海洋生物馆有限公司、青岛极地海洋世界、上海长风海洋世界、通用海洋生态工程（北京）有限公司、北京工体富国海底世界、中国科学院水生生物研究所、香港海洋公园、广西南宁海底世界、西安曲江文化旅游（集团）有限公司海洋公园分公司、武汉海洋世界水族观赏有限公司、深圳市海洋世界有限公司、洛阳龙门海洋馆有限责任公司、大连老虎滩海洋公园	本标准规定了水族馆水生哺乳动物驯养技术等级划分的要求，内容包括设施要求、水质控制、驯养人员、技术提升、科普能力和管理制度。 本标准适用于水族馆水生哺乳动物驯养技术的等级划分。
SC/T 9411—2012		水族馆水生哺乳动物饲养水质	中国野生动物保护协会水生野生动物保护分会、中国科学院水生生物研究所、香港海洋公园、北京利达海洋生物馆有限公司、通用海洋生态工程（北京）有限公司、大连老虎滩海洋公园有限公司、上海海洋水族馆、辽宁省海洋水产科学研究院、洛阳龙门海洋馆有限责任公司、中国水产科学院长江水产研究所	本标准规定了水族馆水生哺乳动物饲养用水水质。 本标准适用于水族馆水生哺乳动物饲养用水水质要求；其他水生哺乳动物饲养用水水质可参照执行。

（续）

标准号	被替代标准号	标准名称	起草单位	范　围
NY/T 2165—2012		鱼、虾遗传育种中心建设标准	全国水产技术推广总站	本标准规定了鱼、虾遗传育种中心建设项目的选址与建设条件、建设规模与项目构成、工艺与设备、建设用地与规划布局、建筑工程及配套设施、防疫防病、环境保护、人员要求和主要技术经济指标。 本标准适用于鱼、虾遗传育种中心建设项目建设的编制、评估和审批；也适用于审查工程项目初步设计和监督、检查项目建设过程。
NY/T 2170—2012		水产良种场建设标准	中国水产科学研究院渔业工程研究所	本标准规定了水产良种场建设的原则、项目规划布局及工程建设内容与要求。 本标准适用于现有四大家鱼等主要淡水养殖品种国家级水产良种场资质评估及考核管理；也适用于四大家鱼等主要淡水养殖品种水产良种场建设项目评价、设施设计、设备配置、竣工验收及投产后的评估、考核管理。

3.2 水产品

标准号	被替代标准号	标准名称	起草单位	范　围
SC/T 3120—2012		冻熟对虾	中国水产加工与流通协会、中国水产科学研究院黄海水产研究所、浙江省海洋开发研究院、中国水产科学研究院南海水产研究所、浙江跃腾水产食品有限公司、舟山市越洋食品有限公司、湛江恒兴水产科技有限公司、旭骏水产（湛江）有限公司	本标准规定了冻熟对虾产品的要求、试验方法、检验规则、标识、包装、贮存和运输。 本标准适用于以南美白对虾（学名为凡纳滨对虾，*Penaeus vanammi*）、日本对虾（*Penaeus japonicus*）、斑节对虾（*Penaeus monodon Fabricius*）、中国对虾（*Penaeus chinesis*）、长毛对虾（*Penaeus penicillatus*）、墨吉对虾（*Penaeus merguiensis*）、刀额新对虾（*Metapenaeus ensis*）等为原料，经挑选、清洗、蒸煮、速冻、包装制成的冻熟全虾；其他品种的冻熟虾可参照执行。
SC/T 3121—2012		冻牡蛎肉	中国水产科学研究院黄海水产研究所、泰祥集团技术开发有限公司	本标准规定了冻牡蛎肉的要求、试验方法、检验规则、标识、包装、运输和贮存。 本标准适用于以近江牡蛎（*Crassostrea rivularis*）、太平洋牡蛎（*Crassostrea gigas*）、褶牡蛎（*Ostrea plicatula*）等为原料，经脱壳、清洗、冷冻制成的单冻牡蛎肉或块冻牡蛎肉；其他品种牡蛎制成的冻牡蛎肉可参照执行。

（续）

标准号	被替代标准号	标准名称	起草单位	范　　围
SC/T 3202—2012	SC/T 3202—1996	干海带	中国水产科学研究院黄海水产研究所、国家水产品质量监督检验中心、福建省晋江市安海三源食品实业有限公司	本标准规定了干海带的要求、试验方法、检验规则、标识、包装、运输和贮存。 本标准适用于鲜海带直接晒干或烘干制成的干海带产品。
SC/T 3204—2012	SC/T 3204—2000	虾米	中国水产科学研究院黄海水产研究所、青岛市崂山区五发海味食品有限公司	本标准规定了虾米的要求、试验方法、检验规则、标识、包装、运输及贮存。 本标准适用于以对虾科（Penaeidae）、长臂虾科（Palaemonidae）、褐虾科（Crangonidae）及长额虾科（Pandalidae）等虾为原料，经加盐蒸煮、干燥、脱壳等工序制成的产品；其他品种虾类原料制成的虾米可参照执行。
SC/T 3209—2012	SC/T 3209—2001	淡菜	中国水产科学研究院南海水产研究所	本标准规定了淡菜的要求、试验方法、检验规则、标识、包装、运输及贮存。 本标准适用于以新鲜的紫贻贝（*Mytilus edulis* Linne）、厚壳贻贝（*Mytilus coruscus* Gould）、重贻贝（*Mytilus grayanus* Dunker）、翡翠贻贝（*Perna viridis* Linne）等为原料，经清洗、蒸煮、取肉（漂洗）、干燥等工序制成的熟贻贝淡干品。

（续）

标准号	被替代标准号	标准名称	起草单位	范　　围
SC/T 3217—2012		干石花菜	中国海洋大学、山东海之宝海洋科技有限公司	本标准规定了干石花菜的术语和定义、要求、试验方法、检验规则、标识、包装、运输及贮存。 本标准适用于以鲜石花菜（*Gelidium amansii*）为原料，经干制，用于提取琼胶的干石花菜；石花菜属的其他种参照执行。
SC/T 3306—2012		即食裙带菜	大连海洋大学	本标准规定了即食裙带菜的要求、试验方法、检验规则、标识、包装、运输和贮存。 本标准适用于以新鲜裙带菜（*Undaria pinnatifida*）、盐渍裙带菜经加工制成的调味裙带菜叶、调味裙带菜茎、调味裙带菜孢子叶及调味裙带菜汤料等产品。
SC/T 3402—2012		褐藻酸钠印染助剂	中国水产科学研究院黄海水产研究所、中国海藻工业协会、青岛明月海藻集团有限公司、山东洁晶集团股份有限公司、青岛聚大洋海藻工业有限公司	本标准规定了褐藻酸钠印染助剂的产品规格、技术要求、试验方法、检验规则以及标识、包装、运输和贮存要求。 本标准适用于以褐藻酸钠为主要成分，添加硫酸钠或六偏磷酸钠的纺织印染用助剂。

（续）

标准号	被替代标准号	标准名称	起草单位	范　　围
SC/T 3404—2012		岩藻多糖	中国水产科学研究院黄海水产研究所、山东洁晶集团股份有限公司、北京雷力联合海洋生物科技有限公司、青岛明月海藻集团有限公司	本标准规定了岩藻多糖的产品要求、检验方法、试验规则和标识、包装、运输和贮存。 本标准适用于以海带（*Laminaria*）、裙带菜（*Undaria pinnatifida*）等褐藻为原料，经提取精制得到的多糖类产品。

3.3　渔药及疾病检疫

标准号	被替代标准号	标准名称	起草单位	范　　围
GB/T 28630.1—2012		白斑综合征（WSD）诊断规程　第1部分：核酸探针斑点杂交检测法	中国水产科学研究院黄海水产研究所、全国水产技术推广总站	GB/T 28630 的本部分规定了白斑综合征核酸探针斑点杂交检测方法所需试剂与材料、仪器设备、操作步骤和结果判定。 本部分适用于对虾的成虾、幼虾、仔虾、幼体和受精卵的活体、冰鲜或冰冻产品和其他对白斑综合征病毒敏感的甲壳类生物白斑综合征病原的筛查、临床病症的确诊，不适用于对病毒感染活性的估测。

（续）

标准号	被替代标准号	标准名称	起草单位	范　　围
GB/T 28630.2—2012		白斑综合征（WSD）诊断规程　第 2 部分：套式 PCR 检测法	中国水产科学研究院黄海水产研究所、全国水产技术推广总站	GB/T 28630 的本部分规定了白斑综合征病原的 PCR 检测方法所需试剂与材料、仪器设备、操作步骤和结果判定。 本部分适用于在对虾的各种样品、环境生物和饵料生物的各种样品，以及其他各种非生物样品中对白斑综合征病原带毒情况的高灵敏度定性检测，以进行病原筛查和疾病的确诊。 本部分单独使用时不适用于对病毒量或感染活性的估测以及宿主感染程度的评估。
GB/T 28630.3—2012		白斑综合征（WSD）诊断规程　第 3 部分：原位杂交检测法	中国水产科学研究院黄海水产研究所、全国水产技术推广总站	GB/T 28630 的本部分规定了白斑综合征原位杂交检测方法所需试剂与材料、仪器设备、操作步骤和结果判定。 本部分适用于进行对虾及白斑综合征的其他敏感宿主组织细胞的感染程度及病毒扩增状况的评估和疾病的确诊。不适于对病毒的非感染性携带的标本进行病毒检测。

（续）

标准号	被替代标准号	标准名称	起草单位	范　　围
GB/T 28630.4—2012		白斑综合征（WSD）诊断规程　第4部分：组织病理学诊断法	中国水产科学研究院黄海水产研究所、全国水产技术推广总站	GB/T 28630 的本部分规定了白斑综合征组织病理学诊断法所需试剂与材料、仪器设备、操作步骤和结果判定。 本部分适用于对发病的对虾或其他敏感宿主的确诊和对怀疑染病宿主的诊断。 本部分不适用于对潜伏性感染或病毒的非感染性携带的标本进行病毒检测。
GB/T 28630.5—2012		白斑综合征（WSD）诊断规程　第5部分：新鲜组织的T-E染色法	中国水产科学研究院黄海水产研究所、全国水产技术推广总站	GB/T 28630 的本部分规定了白斑综合征新鲜组织的T-E染色法所需试剂与材料、仪器设备、操作步骤和结果判定。 本部分适用于在现场或诊断实验室对患病濒死的对虾仔虾、幼虾或成虾进行快速诊断，不适用于对法令性感染或病毒的非感染性携带的标本进行诊断。
SC/T 7016.1—2012		鱼类细胞系　第1部分：胖头鱥肌肉细胞系（FHM）	全国水产技术推广总站、深圳出入境检验检疫局	本部分描述了胖头鱥肌肉细胞系（fathead monnow cell line，FHM）的形态、传代培养条件、生长特性、针对部分鱼类病毒的敏感谱及传代细胞的质量控制。 本部分适用于对胖头鱥肌肉细胞系的培养、使用和保藏。

（续）

标准号	被替代标准号	标准名称	起草单位	范　　围
SC/T 7016.2—2012		鱼类细胞系　第2部分：草鱼肾细胞系（CIK）	全国水产技术推广总站、深圳出入境检验检疫局	本部分描述了草鱼肾细胞系（grass carp kdney cell line，CIK）的形态、传代培养条件、生长特性、对部分水生动物病毒的敏感谱及传代细胞的质量控制。 本部分适用于对草鱼肾细胞系的培养、使用和保藏。
SC/T 7016.3—2012		鱼类细胞系　第3部分：草鱼卵巢细胞系（CO）	全国水产技术推广总站、深圳出入境检验检疫局	本部分描述了草鱼卵巢细胞系（grass carp ovary cell line，CO）的形态、传代培养条件、生长特性、针对部分水生动物病毒的敏感谱及传代细胞的质量控制。 本部分适用于对草鱼卵巢细胞系的培养、使用和保藏。
SC/T 7016.4—2012		鱼类细胞系　第4部分：虹鳟性腺细胞系（FHM）	全国水产技术推广总站、深圳出入境检验检疫局	本部分描述了虹鳟性腺细胞系（rainbow trout gonad cell line，RTG-2）的形态、传代培养条件、生长特性、针对部分鱼类病毒的敏感谱及传代细胞的质量控制。 本部分适用于对虹鳟性腺细胞系的培养、使用和保藏。

（续）

标准号	被替代标准号	标准名称	起草单位	范　　围
SC/T 7016.5—2012		鱼类细胞系　第5部分：鲤上皮瘤细胞系（EPC）	全国水产技术推广总站、深圳出入境检验检疫局	本部分描述了鲤上皮瘤细胞系（epithelioma papulosum cyprini cell line，EPC）的形态、传代培养条件、生长特性、针对部分水生动物病毒的敏感谱及传代细胞的质量控制。 本部分适用于对鲤上皮瘤细胞系的培养、使用和保藏。
SC/T 7016.6—2012		鱼类细胞系　第6部分：大鳞大麻哈鱼胚胎细胞系（CHSE）	全国水产技术推广总站、深圳出入境检验检疫局	本部分描述了大鳞大麻哈鱼胚胎细胞系（chinook salmon embryo cell line，CHSE）的形态、传代培养条件、生长特性、针对部分水生动物病毒的敏感谱及传代细胞的质量控制。 本部分适用于对大鳞大麻哈鱼胚胎细胞系的培养、使用和保藏。
SC/T 7016.7—2012		鱼类细胞系　第7部分：棕鮰细胞系（BB）	全国水产技术推广总站、深圳出入境检验检疫局	本部分描述了棕鮰细胞系（brown bullhead cell line，BB）的形态、传代培养条件、生长特性、针对部分水生动物病毒的敏感谱及传代细胞的质量控制。 本部分适用于对棕鮰细胞系的培养、使用和保藏。

（续）

标准号	被替代标准号	标准名称	起草单位	范　围
SC/T 7016.8—2012		鱼类细胞系　第 8 部分：斑点叉尾鮰卵巢细胞系（CCO）	全国水产技术推广总站、深圳出入境检验检疫局	本部分描述了斑点叉尾鮰卵巢细胞系（channel catfish ovary cell line，CCO）的形态、传代培养条件、生长特性、针对部分水生动物病毒的敏感谱及传代细胞的质量控制。 本部分适用于对斑点叉尾鮰卵巢细胞系的培养、使用和保藏。
SC/T 7016.9—2012		鱼类细胞系　第 9 部分：蓝鳃太阳鱼细胞系（FHM）	全国水产技术推广总站、深圳出入境检验检疫局	本部分描述了蓝鳃太阳鱼细胞系（bluegill fry cell line，BF - 2）的形态、传代培养条件、生长特性、针对部分水生动物病毒的敏感谱及传代细胞的质量控制。 本部分适用于对蓝鳃太阳鱼细胞系的培养、使用和保藏。
SC/T 7016.10—2012		鱼类细胞系　第 10 部分：狗鱼性腺细胞系（FHM）	全国水产技术推广总站、深圳出入境检验检疫局	本部分描述了狗鱼性腺细胞系（pike gonad cell line，PG）的形态、传代培养条件、生长特性、针对部分水生动物病毒的敏感谱及传代细胞的质量控制。 本部分适用于对狗鱼性腺细胞系的培养、使用和保藏。

（续）

标准号	被替代标准号	标准名称	起草单位	范　　围
SC/T 7016.11—2012		鱼类细胞系　第 11 部分：虹鳟肝细胞系（R1）	全国水产技术推广总站、深圳出入境检验检疫局	本部分描述了虹鳟肝细胞系（rainbow trout liver cell line，R1）的形态、传代培养条件、生长特性、针对部分水生动物病毒的敏感谱及传代细胞的质量控制。 本部分适用于对虹鳟肝细胞系的培养、使用和保藏。
SC/T 7016.12—2012		鱼类细胞系　第 12 部分：鲤白血球细胞系（FHM）	全国水产技术推广总站、深圳出入境检验检疫局	本部分描述了鲤白血球细胞系（carp leucocytes cell line，FHM）的形态、传代培养条件、生长特性、针对部分水生动物病毒的敏感谱及传代细胞的质量控制。 本部分适用于对鲤白血球细胞系的培养、使用和保藏。
SC/T 7017—2012		水生动物疫病风险评估通则	浙江大学、全国水产技术推广总站	本标准规定了水生动物及其产品疫病风险评估的流程、内容、方法和风险判断的通用准则。 本标准适用于我国水生动物及其产品疫病的风险评估。
SC/T 7018.1—2012		水生动物疫病流行病学调查规范　第 1 部分：鲤春病毒血症（SVC）	全国水产技术推广总站	本部分规定了鲤春病毒血症（SVC）疫情的最初调查、现况调查和追踪调查的技术要求。 本部分适用于 SVC 流行病学调查。

3.4 渔船设备

标准号	被替代标准号	标准名称	起草单位	范　　围
GB/T 28794—2012		渔业船舶油污水分离系统技术要求	农业部渔业船舶检验局、大连市金州环保设备厂	本标准规定了渔业船舶含油污水的排放要求，收集装置和分离设备的配备、安装、使用、维修和试验要求。 本标准适用于渔业船舶（小于10 000总吨）含油污水的排放要求。
SC/T 6053—2012		渔业船用调频无线电话机（27.5MHz～39.5MHz）试验方法	国家渔业机械仪器质量监督检验中心、石狮市飞通通讯设备有限公司	本标准规定了渔业船用调频无线电话机（27.5MHz～39.5MHz）的术语和定义、性能要求、试验方法。 本标准适用于渔业船用调频无线电话机（27.5MHz～39.5MHz）的设计、制造及检验。
SC/T 6054—2012		渔业仪器名词术语	国家渔业机械仪器质量监督检验中心、石狮市飞通通讯设备有限公司	本标准规定了渔业机械仪器专用名词术语及其定义。 本标准适用于渔业仪器的设计、使用、生产和管理及相关资料文献的编写。

（续）

标准号	被替代标准号	标准名称	起草单位	范　围
SC/T 6072—2012		渔船动态监管信息系统建设技术要求	农业部东海区渔政局、中国交通通信信息中心	本标准规定了渔船动态监管信息系统的总体框架、通用要求、系统要求、应用服务接口要求、系统功能及技术指标要求、应用集成中间件、接口协议。 本标准不包括渔船动态监管信息系统运行所需客户端设备的有关技术要求内容和采用 B/S 结构进行建设的渔船动态监管 Web GIS 系统的有关技术要求内容。 本标准适用于渔业管理部门在进行渔船动态监管信息系统建设的设计、建设、验收、使用和管理。

4 农垦

4.1 热作产品

标准号	被替代标准号	标准名称	起草单位	范　围
NY/T 735—2012		天然生胶　子午线轮胎橡胶加工技术规程	中国热带农业科学院农产品加工研究所，海南农垦总局、云南农垦总局	本标准规定了天然生胶　子午线轮胎橡胶生产过程中的加工工艺及技术要求。 本标准适用于以鲜胶乳、胶园凝胶及胶牌为原料生产子午线轮胎橡胶。
NY/T 875—2012	NY/T 875—2004	食用木薯淀粉	中国热带农业科学院分析测试中心、中国淀粉工业协会木薯淀粉专业委员会、海南洋浦椰岛淀粉工业有限公司、广西农垦明阳生化集团股份有限公司、广西荟力淀粉有限公司	本标准规定了食用木薯淀粉的要求、试验方法、检验规则、标签、标志、包装、运输和贮存。 本标准适用于以木薯为原料制成的可食用淀粉。
NY/T 924—2012	NY/T 924—2004	浓缩天然胶乳　氨保存离心胶乳加工技术规程	中国热带农业科学院农产品加工研究所、广东省广垦橡胶集团有限公司、海南农垦中心测试站、云南天然橡胶产业股份有限公司	本标准规定了离心法氨保存浓缩天然胶乳生产的基本工艺、技术要求和生产设备及设施。 本标准适用于以鲜胶乳为原料采用离心法生产的氨保存的浓缩天然胶乳；不适用于以鲜胶乳为原料采用膏化法生产的氨保存的浓缩天然胶乳。

（续）

标准号	被替代标准号	标准名称	起草单位	范　围
NY/T 2174—2012		主要热带作物品种 AFLP 分子鉴定技术规程	中国热带农业科学院热带作物品种资源研究所、中国热带农业科学院热带生物技术研究所、中国热带农业科学院南亚热带作物研究所、中国热带农业科学院橡胶研究所	本标准规定了主要热带作物品种 AFLP 分子鉴定的术语和定义、试剂和材料、仪器和设备、鉴定步骤、结果计算和鉴定规则。 本标准适用于橡胶（*Hevea brasiliensis* Muell-Arg）、杧果（*Mangi fera indica* Linn.）、荔枝（*Litchi chinensis* Sonn.）、龙眼（*Dimocarpus longan* Lour.）、香蕉（*Musa nana* Lour.）、木薯（*Manihot esculenta* Crants）、柱花草（*Stylosanthes* Sw.）的品种 AFLP 分子鉴定；也可作为其他热带作物品种 AFLP 分子鉴定参考。
NY/T 2185—2012		天然生胶　胶清橡胶加工技术规程	中国热带农业科学院农产品加工研究所、广东省广垦橡胶集团有限公司	本标准规定了胶清橡胶生产过程中的基本工艺及技术要求。 本标准适用于以天然鲜胶乳离心浓缩过程中分离出来的胶清为原料生产胶清橡胶。
NY/T 2254—2012		甘蔗生产良好农业规范	中国热带农业科学院南亚热带作物研究所、农业部甘蔗品质监督检验中心（南宁）、广西壮族自治区农业科学院甘蔗研究所	本标准规定了甘蔗种植过程中良好农业规范的基本要求。 本标准适用于甘蔗种植过程中的质量安全管理。

（续）

标准号	被替代标准号	标准名称	起草单位	范　围
NY/T 2260—2012		龙眼等级规格	中国热带农业科学院南亚热带作物研究所	本标准规定了龙眼的术语和定义、要求、试验方法、检验规则、标签、标志、包装、运输和贮存。 本标准适用于龙眼鲜果。
NY/T 2265—2012		香蕉纤维清洁脱胶技术规范	中国热带农业科学院海口实验站	本标准规定了香蕉纤维原料清洁脱胶的术语和定义、工艺流程和工艺要求。 本标准适用于香蕉纤维原料的脱胶。

4.2 热作加工机械

标准号	被替代标准号	标准名称	起草单位	范　围
NY/T 228—2012		天然橡胶初加工机械　打包机	中国热带农业科学院农产品加工研究所	本标准规定了天然橡胶初加工机械打包机的产品型号规格、主要技术参数、技术要求、试验方法、检验规则及标志、包装、运输和贮存等要求。 本标准适用于天然橡胶初加工机械打包机（以下简称打包机）的设计制造及质量检验。
NY/T 261—2012	NY/T 261—1994	剑麻加工机械　纤维压水机	中国热带农业科学院农业机械研究所	本标准规定了剑麻纤维压水机的术语和定义、型号规格和基本性能参数、技术要求、试验方法、检验规则、包装、贮存及运输。 本标准适用于剑麻纤维加工中一次性完成纤维脱胶、压水的机械。

（续）

标准号	被替代标准号	标准名称	起草单位	范　围
NY/T 341—2012		剑麻加工机械　制绳机	中国热带农业科学院农业机械研究所、农业部热带作物机械质量监督检验测试中心、广东省湛江农垦第二机械厂	本标准规定了剑麻加工机械制绳机的术语和定义、型号规格和主要技术参数、技术要求、试验方法、检验规则及标志、包装、运输与贮存要求。 本标准适用于剑麻制绳机，也适用于其他纤维制绳机。
NY/T 381—2012	NY/T 381—1999	天然橡胶初加工机械　压薄机	中国热带农业科学院农产品加工研究所	本标准规定了天然橡胶初加工机械压薄机的产品型号规格、主要技术参数、技术要求、试验方法、检验规则及标志、包装、运输和贮存等要求。 本标准适用于天然橡胶初加工机械压薄机的设计制造及质量检验。
NY/T 338—2012	NY/T 338—1998	天然橡胶初加工机械　五合一压片机	中国热带农业科学院农业机械研究所、农业部热带作物机械质量监督检验测试中心、云南省热带作物机械厂	本标准规定了天然橡胶初加工机械五合一压片机的术语和定义、型号规格和主要技术参数、技术要求、试验方法、检验规则及标志、包装、运输与贮存要求。 本标准适用于天然橡胶初加工机械五合一压片机。天色橡胶初加工机械四合一压片机也可参照使用。

（续）

标准号	被替代标准号	标准名称	起草单位	范　围
NY/T 342—2012	NY/T 342—1998	剑麻加工机械　纺纱机	中国热带农业科学院农业机械研究所、广东省湛江农垦第二机械厂	本标准规定了剑麻加工机械纺纱机的术语和定义、型号规格和主要技术参数、技术要求、试验方法、检验规则、标志、包装、运输与贮存要求。 本标准适用于将麻条进行牵伸加捻形成纱条的纺纱机。
NY/T 2261—2012		木薯淀粉初加工机械　碎解机　质量评价技术规范	中国热带农业科学院农业机械研究所、农业部热带作物机械质量监督检验测试中心、南宁市明阳机械制造有限公司	本标准规定了木薯淀粉初加工机械碎解机的基本要求、质量检测方法和检验规则。 本标准适用于以鲜木薯为加工原料的碎解机的质量评定，以木薯干片为加工原料的碎解机可参照执行。
NY/T 2264—2012		木薯淀粉初加工机械　离心筛　质量评价技术规范	中国热带农业科学院农业机械研究所、南宁市明阳机械制造有限公司	本标准规定了木薯淀粉初加工机械离心筛的基本要求、质量检测方法和检验规则。 本标准适用于木薯淀粉初加工机械离心筛的质量评定。

4.3 热作种子种苗栽培

标准号	被替代标准号	标准名称	起草单位	范　围
NY/T 353—2012	NY/T 353—1999	椰子　种果和种苗	中国热带农业科学院椰子研究所、国家重要热带作物工程技术研究中心	本标准规定了椰子（*Cocos nucifera* L.）种果和种苗的定义、要求、试验方法、检测规则和包装、标识、贮存、运输等。 本标准适用于海南高种、文椰 2 号、文椰 3 号、文椰 $78F_1$ 椰子品种种果和种苗的质量检测，也可作为其他椰子品种种果和种苗质量检测参考。
NY/T 590—2012	NY/T 590—2002	杧果　嫁接苗	中国热带农业科学院热带作物品种资源研究所、农业部热带作物种子种苗质量监督检验测试中心	本标准规定了杧果（*Mangifera indica* L.）嫁接苗相关的术语和定义、要求、试验方法、检测规则、包装、标识、运输和贮存。 本标准适用于台农 1 号（Tainoung No. 1）、白象牙（Nang Klang Wun）、贵妃（Guifei）、金煌（Chiin Huang）、桂热 82（Guire No. 82）、凯特（Keitt）品种嫁接苗的质量检测，也可作为其他杧果品种嫁接苗检测参考。
NY/T 2120—2012		香蕉无病毒种苗生产技术规范	全国农业技术推广服务中心、广东省农业科学院果树研究所、中国农业科学院果树研究所	本标准规定了香蕉无病毒种苗生产技术和病毒检测对象及方法。 本标准适用于香蕉无病毒种苗的生产。

（续）

标准号	被替代标准号	标准名称	起草单位	范　　围
NY/T 2166—2012		橡胶树苗木繁育基地建设标准	海南省农垦设计院	本标准规定了橡胶树苗木繁育基地建设的基本要求。 本标准适用于我国县级以上橡胶树苗木繁育基地的新建、更新重建项目建设；在境外投资的橡胶树苗木繁育生产建设项目，应结合当地情况，灵活执行本标准；其他种类的橡胶树苗木繁育建设项目，可参照本标准。 本标准不适用于科研、试验性质的橡胶树育苗场地建设。 本标准可以作为编制、评估和审批橡胶树繁育基地建设项目建议书、可行性研究报告的依据。
NY/T 2167—2012		橡胶树种植基地建设标准	海南省农垦设计院	本标准规定了橡胶树种植基地建设的基本要求。 本标准适用于我国县级以上橡胶树种植基地的新建、更新重建、扩建项目建设；在境外投资的橡胶树种植基地项目建设，可结合当地情况灵活执行本标准；其他类型的橡胶树种植项目建设可以参照本标准。 本标准不适用于以科研、试验为主要目的的橡胶树种植项目建设。 本标准可以作为编制、评估和审批橡胶树种植基地建设项目建议书、可行性研究报告的依据。

（续）

标准号	被替代标准号	标准名称	起草单位	范　　围
NY/T 2253—2012		菠萝组培苗生产技术规程	中国热带农业科学院南亚热带作物研究所	本标准规定了菠萝［*Ananas comosus*（L.）Merr.］组培育过程中的培养基制备程序、组织培养程序、炼苗和移栽程序。 本标准适用于菠萝组培苗的生产。
NY/T 2263—2012		橡胶树栽培学　术语	中国热带农业科学院橡胶研究所、中国热带农业科学院环境与植物保护研究所、中国热带农业科学院信息研究所	本标准规定了天然橡胶生产中橡胶树栽培学领域相关的术语和定义。 本标准适用于橡胶树种植业的育种、栽培、管理、科研、教学及其他相关领域。

5 农牧机械

5.1 农业机械综合类

标准号	被替代标准号	标准名称	起草单位	范　围
NY/T 2187—2012		拖拉机号牌座设置技术要求	农业部农业机械试验鉴定总站、农业部农机监理总站、黑龙江省农业机械试验鉴定站、江苏省农业机械试验鉴定站、中国一拖集团有限公司、江苏常发农业装备股份有限公司	本标准规定了轮式拖拉机号牌座的形状、尺寸和安装要求。 本标准适用于轮式拖拉机、拖拉机运输机组、手扶拖拉机和履带拖拉机。
NY/T 2188—2012		联合收割机号牌座设置技术要求	农业部农机监理总站	本标准规定了联合收割机号牌座的形状、尺寸和安装要求。 本标准适用于自走式收获机械。
NY/T 2189—2012		微耕机　安全技术要求	重庆市农业机械鉴定站、重庆合盛工业有限公司、重庆市宗申通用动力机械有限公司、重庆鑫源农机股份有限公司	本标准规定了微耕机产品安全技术要求。 本标准适用于标定功率不大于 7.5kW、可以直接用驱动轮轴驱动旋转工作部件（如旋耕），主要用于水、旱田耕整，田园管理，设施农业等耕耘作业为主的机动微耕机。

（续）

标准号	被替代标准号	标准名称	起草单位	范　　围
NY/T 2190—2012		机械化保护性耕作名词术语	农业部农业机械试验鉴定总站	本标准规定了机械化保护性耕作相关的术语和定义。 本标准适用于机械化保护性耕作。
NY/T 2191—2012		水稻插秧机适用性评价方法	江苏省农业机械试验鉴定站、江苏常发农业装备股份有限公司	本标准规定了水稻插秧机适用性评价的术语和定义、影响因素、评价方法和判定原则。 本标准适用于水稻插秧机（以下简称插秧机）使用地区的适用性评价。
NY/T 2192—2012		水稻机插秧作业技术规范	江苏省农业机械化试验鉴定站、洋马农机（中国）有限公司	本标准规定了水稻机插秧作业条件、作业程序、安全要求和机具的维护保养。 本标准适用于水稻机插秧作业。
NY/T 2193—2012		常温烟雾机安全施药技术规范	农业部南京农业机械化研究所	本标准规定了常温烟雾机喷洒农药时对操作人员的要求、施药前准备、施药作业以及施药后处理的安全技术规范。 本标准适用于在温室或大棚内进行病虫害防治作业的常温烟雾机（以下简称烟雾机）。
NY/T 2194—2012		农业机械田间行走道路技术规范	农业部农业机械试验鉴定总站、四川省农业机械鉴定站	本标准规定了农业机械田间行走道路的术语和定义、技术要求、检验方法和评定规则。 本标准适用于硬化路面和砂石路面的农业机械田间行走道路的建设。

（续）

标准号	被替代标准号	标准名称	起草单位	范　围
NY/T 2196—2012		手扶拖拉机　修理质量	江苏省农业机械试验鉴定站、常州东风农机集团有限公司、江苏常发农业装备股份有限公司、常州常发动力机械有限公司	本标准规定了手扶拖拉机整机或系统总成修理后的质量要求、检验方法、验收与交付要求。 本标准适用于安装柴油机的手扶拖拉机整机或系统总成的修理质量评定。
NY/T 2197—2012		农用柴油发动机　修理质量	农业部农业机械试验鉴定总站、江苏省农机化服务站	本标准规定了农用柴油发动机主要零部件、总成及整机的修理技术要求、检验方法、验收与交付要求。 本标准适用于农用柴油发动机主要零部件、总成及整机的修理质量评定。
NY/T 2198—2012		微耕机　修理质量	重庆市农业机械鉴定站、山东省农业机械科学研究所、重庆嘉木机械有限公司、重庆鑫源农机股份有限公司	本标准规定了微耕机整机、主要零部件的修理技术要求、验收、交付和保用要求。 本标准适用于标定功率不大于 7.5kW，可以直接用驱动轮轴驱动旋转工作部件（如旋耕），主要用于水、旱田耕整，田园管理，设施农业等耕耘作业为主的机动微耕机、主要零部件的修理质量评定。
NY/T 2199—2012		油菜联合收割机　作业质量	农业部南京农业机械化研究所、江苏大学、江苏沃得农业机械有限公司	本标准规定了油菜联合收割机作业的质量要求、检测方法和检测规则。 本标准适用于油菜联合收割机收获直播油菜的作业质量评定。

（续）

标准号	被替代标准号	标准名称	起草单位	范　　围
NY/T 2200—2012		活塞式挤奶机　质量评价技术规范	内蒙古自治区农牧业机械试验鉴定站	本标准规定了活塞式挤奶机产品质量要求、检验方法和检验规则。 本标准适用于活塞式挤奶机产品质量评定。
NY/T 2201—2012		棉花收获机　质量评价技术规范	农业部棉花机械质量监督检验测试中心	本标准规定了棉花收获机的基本要求、质量要求、检测方法和检验规则。 本标准适用于摘锭滚筒式棉花收获机的质量评定，其他型式棉花收获机可参照执行。
NY/T 2202—2012		碾米成套设备　质量评价技术规范	辽宁省农机质量监督管理站、山东同泰集团股份有限公司、山东精良海纬机械有限公司	本标准规定了碾米成套设备产品质量要求、检验方法和检验规则。 本标准适用于生产率不大于 12t/h 的碾米成套设备的产品质量评定。
NY/T 2203—2012		全混合日粮制备机　质量评价技术规范	辽宁省农机质量监督管理站	本标准规定了全混合日粮制备机产品质量要求、核测方法和检验规则。 本标准适用于固定式和牵引式全混合日粮制备机产品的质量评定。
NY/T 2204—2012		花生收获机械　质量评价技术规范	山东省农业机械试验鉴定站、青岛农业大学、山东五征集团有限公司、临沭县东泰机械有限公司	本标准规定了花生收获机的基本要求、质量要求、检验方法和检验规则。 本标准适用于花生挖掘机和花生联合收获机的质量评定。
NY/T 2206—2012		液压榨油机　质量评价技术规范	辽宁省农机质量监督管理站、山东省农业机械科学研究所、阜阳市飞弘机械有限公司	本标准规定了液压榨油机的基本要求、质量要求、检测方法和检验规则。 本标准适用于液压系统公称压力不大于 100MPa 的液压榨油机的质量评定。

（续）

标准号	被替代标准号	标准名称	起草单位	范　　围
NY/T 2207—2012		轮式拖拉机能效等级评价	农业部农业机械试验鉴定总站、江苏常发农业装备股份有限公司、江苏省农业机械试验鉴定站、河南省力神机械有限公司、黑龙江省农业机械试验鉴定站	本标准规定了轮式拖拉机能效限值要求、试验方法、能效检验规则、能效等级评价方法、能效等级标注。 本标准适用于农业轮式拖拉机。农用柴油机和其他以柴油机为动力的农用机械可参照执行。
NY/T 2208—2012		油菜全程机械化生产技术规范	江苏沃得农业机械有限公司、农业部南京农业机械化研究所	本标准规定了油菜全程机械化生产的品种选择、大田准备、直播与移栽、田间管理、收获、油菜籽清选与烘干等环节的技术规范。 本标准适用于长江上、中、下游及黄淮海地区秋季播种、次年春末夏初收获的油菜全程机械化生产。其他地区油菜机械化生产可参照执行。

5.2　其他农机具

标准号	被替代标准号	标准名称	起草单位	范　　围
NY/T 2132—2012		温室灌溉系统设计规范	农业部规划设计研究院	本标准规定了温室滴灌、微喷灌、移动式喷灌和潮汐灌灌溉系统设计的技术要求。 本标准适用于温室和塑料棚灌溉系统的设计。

（续）

标准号	被替代标准号	标准名称	起草单位	范　　围
NY/T 2133—2012		温室湿帘—风机降温系统设计规范	农业部规划设计研究院	本标准规定了温室湿帘—风机降温系统设计用室内外计算参数的确定、温室冷负荷计算、湿帘—风机系统进风量与湿帘面积计算、湿帘与通风机布局、通风机选型和湿帘配水系统设置的要求和方法。 本标准适用于温室湿帘—风机降温系统设计。
NY/T 2134—2012		日光温室主体结构施工与安装验收规程	农业部规划设计研究院	本标准规定了日光温室主体结构的施工与安装验收的一般要求、材料和构件的进场检验、现场堆放和贮存、施工程序和要求以及验收方法。 本标准适用于无立柱钢骨架日光温室的骨架、异质复合墙体和生土墙（不含后屋面）的施工与安装验收；其他形式的日光温室可参照执行。
NY/T 2135—2012		蔬菜清洗机洗净度测试方法	农业部规划设计研究院	本标准规定了用于评价蔬菜清洗机洗净度的性能参数及其测试方法。 本标准适用于蔬菜清洗机洗净度的测试。
NY/T 2195—2012		饲料加工成套设备能耗限值	辽宁省农机质量监督管理站、内蒙古自治区农牧业机械试验鉴定站、海城市永辉饲料机械厂	本标准规定了饲料加工成套设备的能耗限值和试验方法。 本标准适用于生产粉状配合饲料或颗粒饲料的饲料加工成套设备（以下简称成套设备）。

（续）

标准号	被替代标准号	标准名称	起草单位	范　围
NY/T 2205—2012		大棚卷帘机　质量评价技术规范	北京市农业机械试验鉴定推广站、辽宁省农机质量监督管理站	本标准规定了大棚卷帘机的基本要求、质量要求、检验方法和检验规则。 本标准适用于前置中卷式和侧卷式大棚卷帘机的质量评定。其他型式卷帘机可参照执行。

6 农村能源

标准号	被替代标准号	标准名称	起草单位	范　围
NY/T 2139—2012		沼肥加工设备	农业部沼气科学研究所、农业部沼气产品及设备质量监督检验测试中心、绿能生态环境科技有限公司	本标准规定了沼肥加工设备的技术要求、试验方法和检验规则。 本标准适用于以有机废弃物经厌氧消化产生的沼渣沼液加工成肥料的成套设备。
NY/T 2141—2012		秸秆沼气工程施工操作规程	农业部规划设计研究院、农业部沼气科学研究所、中国农业大学、北京化工大学、北京合百意生态能源科技开发有限公司、河北省新能源办公室、四川省农村能源办公室	本标准规定了秸秆沼气工程施工操作的一般原则，以及主要建（构）筑物的施工、电气设备及仪表设备的安装、给排水及供热工程的施工、消防设施的施工、附属建筑物的施工及安全施工要求的基本操作规程。 本标准适用于以农作物秸秆为主要原料的沼气工程施工，不适用于农村户用秸秆沼气。
NY/T 2142—2012		秸秆沼气工程工艺设计规范	农业部规划设计研究院、农业部沼气科学研究所、中国农业大学、北京化工大学、北京合百意生态能源科技开发有限公司、河北省新能源办公室、四川省农村能源办公室	本标准规定了秸秆沼气工程工艺设计的一般规定、设计内容、主要技术参数和工程设计参数。 本标准适用于以农作物秸秆为主要原料（发酵原料中秸秆干物质含量大于50%）沼气工程的工艺设计，不适用于农村户用秸秆沼气。

7 绿色食品

标准号	被替代标准号	标准名称	起草单位	范围
NY/T 273—2012	NY/T 273—2002	绿色食品 啤酒	江南大学、北京燕京啤酒股份有限公司、青岛啤酒股份有限公司	本标准规定了绿色食品啤酒的产品分类、要求、检验规则、标志和标签、包装、运输和贮存。 本标准适用绿色食品啤酒。
NY/T 285—2012	NY/T 285—2003	绿色食品 豆类	农业部大豆及大豆制品质量监督检验测试中心	本标准规定了绿色食品豆类的分类、技术要求、检验规则、标志和标签、包装、运输和贮存。 本标准适用于绿色食品大豆类（包括普通大豆、高油大豆、高蛋白大豆）和其他粮用豆类［包括蚕豆、豌豆、小豆、绿豆、莱豆（芸豆）、豇豆、黑豆、饭豆、鹰嘴豆、木豆、扁豆、羽扇豆等］；不适用于豆类蔬菜。
NY/T 288—2012	NY/T 288—2002	绿色食品 茶叶	中国农业科学院茶叶研究所、农业部茶叶质量监督检验测试中心、中国绿色食品发展中心	本标准规定了绿色食品茶叶的要求、试验方法、检验规则、标志、标签、包装、贮藏和运输。 本标准适用于各类绿色食品茶叶产品。
NY/T 289—2012	NY/T 289—1995	绿色食品 咖啡	农业部食品质量监督检验测试中心（湛江）、农业部农产品质量监督检验测试中心（昆明）、中国热带农业科学院农产品加工研究所	本标准规定了绿色食品咖啡的术语和定义、要求、试验方法、检验规则、标志和标签、包装、运输和贮存。 本标准适用于绿色食品咖啡，包括生咖啡、焙炒咖啡豆和咖啡粉。不适用于脱咖啡因咖啡和速溶型咖啡。

（续）

标准号	被替代标准号	标准名称	起草单位	范　围
NY/T 421—2012	NY/T 421—2000	绿色食品　小麦及小麦粉	农业部谷物及制品质量监督检验测试中心（哈尔滨）、黑龙江省农业科学院农产品质量安全研究所	本标准规定了绿色食品小麦及小麦粉的术语和定义、技术要求、检验规则、标志和标签、包装、运输和贮存。 本标准适用于绿色食品小麦、小麦粉及全麦粉。
NY/T 426—2012	NY/T 426—2000	绿色食品　柑橘类水果	农业部食品质量监督检验测试中心（成都）、农业部柑橘及苗木质量监督检验测试中心	本标准规定了绿色食品柑橘类水果的术语和定义、要求、试验方法、检验规则、标志和标签、包装、运输和贮存。 本标准适用于绿色食品宽皮柑橘类、甜橙类、柚类、柠檬类、金柑类和杂交柑橘类等柑橘类水果的鲜果。
NY/T 435—2012	NY/T 435—2000	绿色食品　水果、蔬菜脆片	农业部食品质量监督检验测试中心（石河子）	本标准规定了绿色食品水果、蔬菜脆片的术语和定义、产品分类、要求、检验规则、标志和标签、包装、运输和贮存。 本标准适用于绿色食品水果、蔬菜脆片。
NY/T 437—2012	NY/T 437—2000	绿色食品　酱腌菜	农业部食品质量监督检验测试中心（上海）	本标准规定了绿色食品酱腌菜的术语和定义、要求、检验规则、标志和标签、包装、运输和贮存。 本标准适用于绿色食品预包装的酱腌菜产品。不适用于散装的酱腌菜产品。

（续）

标准号	被替代标准号	标准名称	起草单位	范　　围
NY/T 654—2012	NY/T 654—2002	绿色食品　白菜类蔬菜	农业部蔬菜品质监督检验测试中心（北京）	本标准规定了绿色食品白菜类蔬菜的技术要求、检验规则、标志和标签、包装、运输和贮存。 本标准适用于绿色食品白菜类蔬菜，包括结球白菜、普通白菜（小白菜）、乌塌菜、紫菜薹、菜薹（心）、薹菜等。
NY/T 655—2012	NY/T 655—2002	绿色食品　茄果类蔬菜	农业部蔬菜水果质量监督检验测试中心（广州）、广东省农业科学院质量安全与标准研究中心	本标准规定了绿色食品茄果类蔬菜的技术要求、检验规则、标志和标签、包装、运输和贮存。 本标准适用于绿色食品茄果类蔬菜，包括番茄、樱桃番茄、茄子、辣椒、甜椒、酸浆、香瓜茄、树番茄、少花龙葵等茄果类蔬菜。
NY/T 657—2012	NY/T 657—2007	绿色食品　乳制品	农业部食品质量监督检验测试中心（上海）	本标准规定了绿色食品乳制品的要求、检验规则、标志和标签、包装、运输和贮存。 本标准适用于绿色食品乳制品，包括液态乳、发酵乳、炼乳、乳粉、干酪、再制干酪和奶油；不适用于乳清制品、婴幼儿配方奶粉和人造奶油。

（续）

标准号	被替代标准号	标准名称	起草单位	范　　围
NY/T 743—2012	NY/T 743—2003	绿色食品　绿叶类蔬菜	农业部蔬菜品质监督检验测试中心（北京）	本标准规定了绿色食品绿叶类蔬菜的技术要求、检验规则、标志和标签、包装、运输和贮存。 本标准适用于绿色食品绿叶类蔬菜，包括菠菜、芹菜、落葵、结球莴苣、油麦菜、蕹菜、小茴香、球茎茴香、香菜、青葙、芫荽、叶甜菜、大叶茼蒿、茼蒿、荠菜、冬寒菜、番杏、菜苜蓿、紫背天葵、榆钱菠菜、芽球菊苣、鸭儿芹、苦苣、苦荬菜、菊花脑、酸模、独行菜、珍珠菜、芝麻菜、白花菜、菜用黄麻、藤三七、土人参、香芹菜、根香芹菜、罗勒、薄荷、荆芥、薰衣草、迷迭香、鼠尾草、百里香、牛至、香蜂花、香茅、琉璃苣、藿香、紫苏、芸香、莳萝等。
NY/T 744—2012	NY/T 744—2003	绿色食品　葱蒜类蔬菜	农业部农产品质量监督检验测试中心（郑州）	本标准规定了绿色食品葱蒜类蔬菜的技术要求、检验规则、标志和标签、包装、运输和贮存。 本标准适用于绿色食品葱蒜类蔬菜，包括大蒜、洋葱、大葱、香葱、胡葱、韭菜、薤、大头蒜等。

（续）

标准号	被替代标准号	标准名称	起草单位	范　围
NY/T 745—2012	NY/T 745—2003	绿色食品　根菜类蔬菜	农业部蔬菜品质监督检验测试中心（北京）	本标准规定了绿色食品根菜类蔬菜的技术要求、检验规则、标志和标签、包装、运输和贮存等。 本标准适用于绿色食品根菜类蔬菜，包括萝卜、四季萝卜、胡萝卜、芜菁、芜菁甘蓝、美洲防风、根甜菜、婆罗门、黑婆罗门参、牛蒡、桔梗、山葵、根芹菜等。
NY/T 746—2012	NY/T 746—2003	绿色食品　甘蓝类蔬菜	农业部蔬菜品质监督检验测试中心（北京）	本标准规定了绿色食品甘蓝类蔬菜的技术要求、检验规则、标志和标签、包装、运输和贮存。 本标准适用于绿色食品甘蓝类蔬菜，包括结球甘蓝、赤球甘蓝、抱子甘蓝、皱叶甘蓝、羽衣甘蓝、花椰菜、青花菜、球茎甘蓝、芥蓝等。
NY/T 747—2012	NY/T 747—2003	绿色食品　瓜类蔬菜	农业部蔬菜水果质量监督检验测试中心（广州）、广东省农业科学院质量安全与标准研究中心、中国绿色食品发展中心	本标准规定了绿色食品瓜类蔬菜的技术要求、检验规则、标志和标签、包装、运输和贮存。 本标准适用于绿色食品瓜类蔬菜，包括黄瓜、冬瓜、节瓜、南瓜、笋瓜、西葫芦、飞碟瓜、越瓜、菜瓜、普通丝瓜、有棱丝瓜、苦瓜、瓠苦瓜、瓠瓜、蛇瓜、佛手瓜等瓜类蔬菜。

（续）

标准号	被替代标准号	标准名称	起草单位	范　　围
NY/T 748—2012	NY/T 748—2003	绿色食品　豆类蔬菜	农业部蔬菜水果质量监督检验测试中心（广州）、广东省农业科学院质量安全与标准研究中心、中国绿色食品发展中心	本标准规定了绿色食品豆类蔬菜的技术要求、检验规则、标志和标签、包装、运输和贮存。 本标准适用于绿色食品豆类蔬菜，包括菜豆、多花菜豆、长豇豆、扁豆、菜豆、蚕豆、刀豆、豌豆、食荚豌豆、四棱豆、菜用大豆、黎豆等豆类蔬菜。
NY/T 749—2012	NY/T 749—2003	绿色食品　食用菌	农业部农产品质量监督检验测试中心（昆明）、云南省农业科学院质量标准与检测技术研究所	本标准规定了绿色食品食用菌的术语和定义、要求、检验规则、标志和标签、包装、运输和贮存。 本标准适用于人工栽培和野生的绿色食品食用菌的鲜品、干品（包括压缩食用菌、颗粒食用菌）和菌粉以及人工培养的食用菌菌丝体及其菌丝粉，包括香菇、金针菇、平菇、茶树菇、竹荪、草菇、双孢蘑菇、猴头菇、白灵菇、灰树花、鸡腿菇、杏鲍菇、黑木耳、银耳、金耳、毛木耳、羊肚菌、美味牛肝菌、榛蘑、口蘑、松茸、鸡油菌、虫草、灵芝等食用菌。不适用于食用菌罐头、盐（油、酱、糖、醋）渍食用菌、水煮食用菌、油炸食用菌和食用菌熟食制品。

（续）

标准号	被替代标准号	标准名称	起草单位	范　　围
NY/T 752—2012	NY/T 752—2003	绿色食品　蜂产品	农业部蜂产品质量监督检验测试中心（北京）	本标准规定了绿色食品蜂产品的术语和定义、要求、检验规则、标志和标签、包装、运输和贮存。 本标准适用于绿色食品蜂蜜、蜂王浆（包括蜂王浆冻干粉）；不适用于蜂胶、蜂蜡及其制品。
NY/T 753—2012	NY/T 753—2003	绿色食品　禽肉	农业部动物及动物产品卫生质量监督检验测试中心、农业部肉及肉制品质量监督检验测试中心	本标准规定了绿色食品禽肉的术语和定义、要求、检验规则、标志和标签、包装、运输和贮存。 本标准适用于绿色食品鲜禽肉、冷却禽肉及冷冻禽肉。
NY/T 840—2012	NY/T 840—2004	绿色食品　虾	中国水产科学研究院黄海水产研究所、蓬莱京鲁渔业有限公司、国家水产品质量监督检验中心	本标准规定了绿色食品虾的要求、检验规则、标志和标签、包装、运输和贮存。 本标准适用于绿色食品活虾、鲜虾、速冻生虾、速冻熟虾（包括对虾科、长额虾科、褐虾科和长臂虾科各品种的虾）。冻虾的产品形式可以是冻全虾、去头虾、带尾虾和虾仁。
NY/T 841—2012	NY/T 841—2004	绿色食品　蟹	中国水产科学研究院黄海水产研究所、江苏溧阳市长荡湖水产良种科技有限公司、蓬莱京鲁渔业有限公司、国家水产品质量监督检验中心	本标准规定了绿色食品蟹的要求、检验规则、标志和标签、包装、运输和贮存。 本标准适用于绿色食品蟹，包括淡水蟹活品、海水蟹活品及其初加工冻品。

（续）

标准号	被替代标准号	标准名称	起草单位	范　　围
NY/T 842—2012	NY/T 842—2004	绿色食品　鱼	中国水产科学研究院黄海水产研究所、荣成泰祥食品股份有限公司、蓬莱京鲁渔业有限公司、国家水产品质量监督检验中心	本标准规定了绿色食品鱼的要求、检验规则、标志和标签、包装、运输和贮存。 本标准适用于绿色食品活鱼、鲜鱼以及仅去内脏进行冷冻的初加工鱼产品。
NY/T 1040—2012	NY/T 1040—2006	绿色食品　食用盐	农业部蔬菜水果质量监督检验测试中心（广州）、广东省农业科学院质量安全与标准研究中心	本标准规定了绿色食品食用盐的术语和定义、要求、检验规则、标志和标签、包装、运输和贮存。 本标准适用于绿色食品食用盐，包括精制盐、粉碎洗涤盐、日晒盐和低钠盐。
NY/T 1048—2012	NY/T 1040—2006	绿色食品　笋及笋制品	农业部肉及肉制品质量监督检验测试中心	本标准规定了绿色食品笋及笋制品的术语和定义、要求、试验方法、检验规则、标志、标签、包装、运输和贮存。 本标准适用于绿色食品笋及笋制品（包括鲜竹笋、保鲜竹笋、方便竹笋及竹笋干等）。
NY/T 2140—2012		绿色食品　代用茶	中国农业科学院茶叶研究所、农业部茶叶质量监督检验测试中心	本标准规定了绿色食品代用茶的术语和定义、要求、试验方法、检验规则、标志和标签、包装、运输及贮存。 本标准适用于以可饮用的花、叶、果实和根茎及其他部位为原料加工制成的代用茶。

8　转基因

标准号	被替代标准号	标准名称	起草单位	范　　围
农业部 1782 号公告—1—2012		转基因植物及其产品成分检测　耐除草剂大豆 356043 及其衍生品种定性 PCR 方法	农业部科技发展中心、农业部环境保护科研监测所	本标准规定了转基因大豆 356043 转化体特异性的定性 PCR 检测方法。 本标准适用于转基因大豆 356043 及其衍生品种以及制品中 356043 转化体成分的定性 PCR 检测。
农业部 1782 号公告—2—2012		转基因植物及其产品成分检测　标记基因 NPTII、HPT 和 PMI 定性 PCR 方法	农业部科技发展中心、中国农业科学院油料作物研究所	本标准规定了转基因植物中标记基因 NPTII、HPT 和 PMI 的定性 PCR 检测方法。 本标准适用于转基因植物及其制品中标记基因 NPTII、HPT 和 PMI 的定性 PCR 检测。
农业部 1782 号公告—3—2012		转基因植物及其产品成分检测　调控元件 CaMl7 35S 启动子、FMV 35S 启动子、NOS 启动子、NOS 终止子和 CaMV 35S 终止子定性 PCR 方法	农业部科技发展中心、中国农业科学院植物保护研究所	本标准规定了调控元件 CaMV 35S 启动子、FMV 35S 启动子、NOS 启动子、NOS 终止子和 CaMV 35S 终止子的定性 PCR 检测方法。 本标准适用于转基因植物及其产品中调控元件 CaMV 35S 启动子、FMV 35S 启动子、NOS 启动子、NOS 终止子和 CaMV 35S 终止子的定性 PCR 检测。

（续）

标准号	被替代标准号	标准名称	起草单位	范　　围
农业部 1782 号公告—4—2012		转基因植物及其产品成分检测　高油酸大豆 305423 及其衍生品种定性 PCR 方法	农业部科技发展中心、中国农业科学院棉花研究所	本标准规定了转基因高油酸大豆 305423 转化体特异性的定性 PCR 检测方法。 本标准适用于转基因高油酸大豆 305423 及其衍生品种以及制品中 305423 转化体成分的定性 PCR 检测。
农业部 1782 号公告—5—2012		转基因植物及其产品成分检测　耐除草剂大豆 CV127 及其衍生品种定性 PCR 方法	农业部科技发展中心、天津市农业科学院中心实验室	本标准规定了转基因耐除草剂大豆 CV127 转化体特异性的定性 PCR 检测方法。 本标准适用于转基因耐除草剂大豆 CV127 及其衍生品种以及制品中 CV127 转化体成分的定性 PCR 检测。
农业部 1782 号公告—6—2012		转基因植物及其产品成分检测　bar 或 pat 基因定性 PCR 方法	农业部科技发展中心、山东省农业科学院、上海交通大学	本标准规定了转基因植物中 bar 或 pat 基因定性 PCR 检测方法。 本标准适用于含有 bar 或 pat 基因的转基因植物及其制品中 bar 或 pat 基因成分的定性 PCR 检测。
农业部 1782 号公告—7—2012		转基因植物及其产品成分检测　CpTI 基因定性 PCR 方法	农业部科技发展中心、天津市农业科学院中心实验室、吉林省农业科学院	本标准规定了转基因植物中 CpTI 基因的定性 PCR 检测方法。 本标准适用于含有 CpTI 基因的非豆科转基因植物及其制品中 CpTI 基因成分的定性 PCR 检测。

（续）

标准号	被替代标准号	标准名称	起草单位	范　　围
农业部 1782 号公告—8—2012		转基因植物及其产品成分检测　基体标准物质制备技术规范	农业部科技发展中心、中国农业科学院油料作物研究所、上海交通大学、中国计量科学研究院、上海生命科学院植物生理生态研究所	本标准规定了利用水稻、玉米和大豆子粒制备转基因植物产品检测基体标准物质的操作流程和技术要求。 本标准适用于利用水稻、玉米和大豆子粒制备转基因植物产品检测基体标准物质。
农业部 1782 号公告—9—2012		转基因植物及其产品成分检测　标准物质试用评价技术规范	农业部科技发展中心、中国农业科学院生物技术研究所、中国农业科学院油料作物研究所、上海交通大学、上海生命科学院、中国计量科学研究院	本标准规定了用于转基因植物产品检测标准物质试用评价的方法和程序。 本标准适用于转基因植物产品检测标准物质的试用评价。
农业部 1782 号公告—10—2012		转基因植物及其产品成分检测　转植酸酶基因玉米 BVLA430101 构建特异性定性 PCR 方法	农业部科技发展中心、中国农业科学院植物保护研究所	本标准规定了转植酸酶基因玉米 BVLA430101 的信号肽/植酸酶基因构建特异性定性 PCR 检测方法。 本标准适用于转植酸酶基因玉米 BVLA430101、含有与转植酸酶基因玉米 BVLA430101 相同信号肽/植酸酶基因载体构建特征的转基因植物，以及制品中转植酸酶基因玉米 BVLA430101 的信号肽/植酸酶基因构建特异性序列的定性 PCR 检测。
农业部 1782 号公告—11—2012		转基因植物及其产品成分检测　转植酸酶基因玉米 BVLA430101 及其衍生品种定性 PCR 方法	农业部科技发展中心、山东省农业科学院、中国农业科学院植物保护研究所	本标准规定了转植酸酶基因玉米 BVLA430101 的转化体特异性定性 PCR 检测方法。 本标准适用于转植酸酶基因玉米 BVLA430101 及其衍生品种以及制品中 BVLA430101 转化体成分的定性 PCR 检测。

（续）

标准号	被替代标准号	标准名称	起草单位	范　　围
农业部 1782 号公告—12—2012		转基因生物及其产品食用安全检测　蛋白质氨基酸序列飞行时间质谱分析方法	农业部科技发展中心、中国农业大学	本标准规定了转基因生物中表达的蛋白质氨基酸序列分析方法。 本标准适用于转基因生物表达蛋白质与目的蛋白质氨基酸序列的相似性分析。
农业部 1782 号公告—13—2012		转基因生物及其产品食用安全检测　挪威棕色大鼠致敏性试验方法	农业部科技发展中心、中国农业大学、中国疾病预防控制中心	本标准规定了蛋白质对挪威棕色大鼠（Brown Norway Rat，BN 大鼠）潜在致敏性的检测方法。 本标准适用于转基因生物及其产品中外源基因表达蛋白质对 BN 大鼠的潜在致敏性检测。
农业部 1861 号公告—1—2012		转基因植物及其产品成分检测　水稻内标准基因定性 PCR 方法	农业部科技发展中心、中国农业科学院生物技术研究所、上海交通大学、四川省农业科学院、安徽省农业科学院水稻研究所	本标准规定了水稻内标准基因 SPS、PEPC 的定性 PCR 检测方法。 本标准适用于转基因植物及其制品中水稻成分的定性 PCR 检测。
农业部 1861 号公告—2—2012		转基因植物及其产品成分检测　耐除草剂大豆 GTS 40-3-2 及其衍生品种定性 PCR 方法	农业部科技发展中心、四川省农业科学院、黑龙江省农业科学院、中国农业科学院生物技术研究所	本标准规定了耐除草剂大豆 GTS 40-3-2 转化体特异性的定性 PCR 检测方法。 本标准适用于耐除草剂大豆 GTS 40-3-2 及其衍生品种，以及制品中 GTS 40-3-2 转化体成分的定性 PCR 检测。

（续）

标准号	被替代标准号	标准名称	起草单位	范　　围
农业部 1861 号公告—3—2012		转基因植物及其产品成分检测　玉米内标准基因定性 PCR 方法	农业部科技发展中心、上海交通大学、中国农业科学院生物技术研究所	本标准规定了玉米内标准基因 zSSIIb 的定性 PCR 检测方法。 本标准适用于转基因植物及其制品中玉米成分的定性 PCR 检测。
农业部 1861 号公告—4—2012		转基因植物及其产品成分检测　抗虫玉米 MON 89034 及其衍生品种定性 PCR 方法	农业部科技发展中心、吉林省农业科学院	本标准规定了转基因抗虫玉米 MON 89034 转化体特异性的定性 PCR 检测方法。 本标准适用于转基因抗虫玉米 MON 89034 及其衍生品种，以及制品中 MON89034 转化体成分的定性 PCR 检测。
农业部 1861 号公告—5—2012		转基因植物及其产品成分检测　CP4 - epsps 基因定性 PCR 方法	农业部科技发展中心、上海交通大学、四川省农业科学院	本标准规定了转 CP4 - epsps 基因植物中 CP4 - epsps 基因的定性 PCR 检测方法。 本标准适用于含 CP4 - epsps 基因序列的转基因植物及其制品中转基因成分的定性 PCR 检测。
农业部 1861 号公告—6—2012		转基因植物及其产品成分检测　耐除草剂棉花 GHB 614 及其衍生品种定性 PCR 方法	农业部科技发展中心、中国农业科学院生物技术研究所、中国农业科学院棉花研究所	本标准规定了耐除草剂棉花 GHB614 转化体特异性的定性 PCR 检测方法。 本标准适用于耐除草剂棉花 GHB614 及其衍生品种，以及制品中 GHB614 转化体成分的定性 PCR 检测。

9 职业技能鉴定

标准号	被替代标准号	标准名称	起草单位	范　围
NY/T 2143—2012		宠物美容师	农业部畜牧行业职业技能鉴定指导站	
NY/T 2144—2012		农机轮胎修理工	农业部农机行业职业技能鉴定指导站	本标准规定了农机轮胎修理工职业的术语和定义、基本要求、工作要求。 本标准适用于农机轮胎修理工的职业技能鉴定。
NY/T 2145—2012		设施农业装备操作工	农业部农机行业职业技能鉴定指导站	本标准规定了设施农业装备操作工职业的基本要求和工作要求。 本标准适用于设施农业装备操作工的职业技能鉴定。
NY/T 2146—2012		兽用化学药品检验员	农业部兽药行业职业技能鉴定指导站	
NY/T 2147—2012		兽用中药制剂工	农业部兽药行业职业技能鉴定指导站	

10 综合类

标准号	被替代标准号	标准名称	起草单位	范　　围
NY/T 2113—2012		农产品等级规格标准编写通则	农业部农产品质量标准研究中心、南京农业大学、中国农业科学院蔬菜花卉研究所、中国农业科学院作物科学研究所、中国水产科学研究院黄海水产研究所	本标准规定了农产品等级规格的术语和定义、有关技术要求。 本标准适用于农产品等级规格标准的制定。
NY/T 2137—2012		农产品市场信息分类与计算机编码	中国农业科学院农业信息研究所、农业部智能化农业预警技术重点开放实验室	本标准规定了农产品市场信息采集与分析的产品分类和计算机编码。 本标准适用于以农产品市场信息监测、分析、预警为目的的农产品市场信息的采集和分析；不适用于生物学分类工作。
NY/T 2138—2012		农产品全息市场信息采集规范	中国农业科学院农业信息研究所、农业部智能化农业预警技术重点开放实验室	本标准规定了农产品全息市场信息的采集内容、采集方法和表达方法。 本标准适用于以农产品市场信息监测、分析、预警为目的的农产品市场信息的采集。

（续）

标准号	被替代标准号	标准名称	起草单位	范　　围
NY/T 2240—2012		国家农作物品种试验站建设标准	农业部工程建设服务中心、全国农业技术推广服务中心	本标准规定了国家农作物品种试验站建设的基本要求。 本标准适用于国家级农作物品种试验站的新建、改建、扩建；不适用于国家农作物品种抗性、品种特性鉴定等的专用性农作物品种试验站建设；省级农作物品种试验站建设可参照本标准执行。 本标准可作为编制农作物品种试验站建设项目建议书、可行性研究报告和初步设计的依据。
NY/T 2242—2012		农业部农产品质量安全监督检验检测中心建设标准	农业部农产品质量标准研究中心、农业部工程建设服务中心、中国农业科学院农业质量标准与检测技术研究所	本标准规定了农业部农产品质量安全监督检验检测中心（简称部级质检中心）建设的基本要求。 本标准适用于部级质检中心的新建工程以及改建和扩建工程。 本标准可作为编制部级质检中心建设项目建议书、可行性研究报告和初步设计的依据。
NY/T 2243—2012		省级农产品质量安全监督检验检测中心建设标准	农业部农产品质量标准研究中心、农业部工程建设服务中心、中国农业科学院农业质量标准与检测技术研究所	本标准规定了省级农产品质量安全监督检验检测中心（简称省级质检中心）建设的基本要求。 本标准适用于省级质检中心的新建工程以及改建和扩建工程。 本标准可作为编制省级质检中心建设项目建议书、可行性研究报告和初步设计的依据。

（续）

标准号	被替代标准号	标准名称	起草单位	范　　围
NY/T 2244—2012		地市级农产品质量安全监督检验检测机构建设标准	农业部农产品质量标准研究中心、农业部工程建设服务中心、中国农业科学院农业质量标准与检测技术研究所	本标准规定了地市级农产品质量安全监督检验检测机构（简称地市级质检机构）建设的基本要求。 本标准适用于地市级质检机构的新建工程以及改建和扩建工程。 本标准可作为编制地市级质检机构建设项目建议书、可行性研究报告和初步设计的依据。
NY/T 2245—2012		县级农产品质量安全监督检验检测机构建设标准	农业部农产品质量标准研究中心、农业部工程建设服务中心、中国农业科学院农业质量标准与检测技术研究所	本标准规定了县级农产品质量安全监督检验检测机构（简称县级质检机构）建设的基本要求。 本标准适用于县级质检机构的新建工程以及改建和扩建工程。 本标准可作为编制县级质检机构建设项目建议书、可行性研究报告和初步设计的依据。
NY/T 2247—2012		农田建设规划编制规程	新疆生产建设兵团勘测规划设计院	本标准规定了农田建设规划编制的要求、内容、编制准备工作、成果的提交和规划报批。 本标准适用于全国地、市、县、乡各级行政单位的农田建设规划的编制。

（续）

标准号	被替代标准号	标准名称	起草单位	范　围
GB/T 10220—2012/ISO 6658：2005	GB/T 10220—1988	感官分析　方法学　总论	中国农业科学院农业质量标准与检测技术研究所、农业部农产品质量监督检验测试中心（郑州）	本标准给出了感官分析应用的一般性导则，阐述了食品感官分析中的各种检验方法，以及结果统计分析中需要使用的技术方法。 本标准中的检验方法仅适用于客观性感官分析。某个检验方法是否可用于偏爱性检验，标准中已说明。
GB/T 10221—2012	GB/T 10221—1998	感官分析　术语	中国农业科学院农业质量标准与检测技术研究所、农业部农产品质量监督检验测试中心（郑州）	本标准定义了感官分析术语。 本标准适用于所有使用感觉器官评价产品的行业。
GB/T 12310—2012	GB/T 12310—1990	感官分析方法　成对比较检验	中国农业科学院农业质量标准与检测技术研究所、农业部食品质量监督检验测试中心（济南）	本标准规定了确定两个产品的样品间感官特性强度是否存在可感觉到的感官差别或相似的程序。 本标准适用于单一感官特性或几项特性存在的差别，指对于一项已知特性它能确定是否存在感官差别并鉴定差别范围，但它不能给出差别程序的说明。评价中没有特性差别不表示两个产品不存在任何差别。 本标准仅适用于相对均匀同质的产品。

（续）

标准号	被替代标准号	标准名称	起草单位	范　围
GB/T 12311—2012	GB/T 12311—1990	感官分析方法　三点检验	中国农业科学院农业质量标准与检测技术研究所、农业部食品质量监督检验测试中心（济南）	本标准规定了确定两个产品的样品间是否存在可感觉到的感官差别或相似的方法。本标准方法为强迫选择程序。 本标准适用于一种或多种感官指标是否存在的差别的判定。 本标准适用于差别特性未确定时（即差别既不是由样品间差别的大小和范围确定，也没有代表差别的任何特征显示）。 本标准仅适用于完全同类的样品。
GB/T 12312—2012	GB/T 12312—1998	感官分析　味觉敏感度的测定方法	中国农业科学院农业质量标准与检测技术研究所、农业部蔬菜水果质量监督检验测试中心（广州）	本标准规定了使评价员熟悉感官分析的一系列客观评价测试方法。 本标准适用于：a）培训评价员识别和区分不同味道；b）培训评价员了解和区别不同类型的阈值；c）使每位评价员了解自己的味觉敏感性；d）使评价组织者对评价员进行初步分类。 本标准也适用于对感官分析小组的评价员进行味觉敏感性的定期监督和检验。

（续）

标准号	被替代标准号	标准名称	起草单位	范　　围
GB/T 16291.1—2012	GB/T 14195—1993	感官分析　选拔、培训与管理评价员一般导则　第1部分：优选评价员	中国农业科学院农业质量标准与检测技术研究所、农业部蔬菜水果质量监督检验测试中心（广州）	本标准规定了优选评价员选拔、培训与管理的方法。 本标准适用于优选评价员选拔、培训与管理。
GB/T 17321—2012	GB/T 17321—1998	感官分析方法　二-三点检验	中国农业科学院农业质量标准与检测技术研究所、农业部食品质量监督检验测试中心（济南）	本标准规定了确定两个产品的样品间是否存在可感觉到的感官差别或相似的程序。 本标准方法为强迫选择程序。 本标准适用于单一或几种感官特性存在的差别。本标准也适用于差别特性未知时（即它既不确定样品间的差别程序也不确定差别范围，也没有任何特性差别迹象）。 本标准仅适用于产品相当相似时。 本标准适用于下述情况： a）确定。有感觉差别（二-三点检验检验差别）；无感觉差别（二-三点检验检验相似），例如当配料、工艺、包装、处理或贮藏有一项改变时。 b）用于优选、培训和检验评价员。 本标准方法的两种形式：恒定参比技术，用于评价员对一个产品熟悉时（如样品来自固定生产线）；平衡参比技术，用于评价员对一个产品不比另一个产品更熟悉时。 本标准统计有效性低于三点检验（见GB/T 12311），但评价员较易实施。

11 农兽药残留

标准号	被替代标准号	标准名称	起草单位	范　　围
GB 2763—2012		食品安全国家标准　食品中农药最大残留限量		本标准规定了食品中 2，4-滴等 322 种农药 2 293 项最大残留限量。 本标准适用于与限量相关的食品。 食品类别/名称说明用于办公室农药最大残留限量应用范围，仅适用于本标准。如某种农药的最大残留限量应用于某一食品类别时，在该食品类别下的所有食品均适用，有特别规定的除外。
农业部 1879 号公告—1—2012		动物尿液中苯乙醇胺 A 的测定　液相色谱—串联质谱法	农业部饲料质量监督检验测试中心（成都）	本标准规定了动物尿液中苯乙醇胺 A 测定的制样和液相色谱—串联质谱测定方法。 本标准适用于动物尿液中苯乙醇胺 A 的测定。 本标准的检测限为 0.1ng/mL，定量限为 0.5ng/mL。

图书在版编目（CIP）数据

农业国家与行业标准概要．2012／农业部农产品质量安全监管局，农业部科技发展中心编．—北京：中国农业出版社，2014.2
ISBN 978-7-109-18886-0

Ⅰ.①农… Ⅱ.①农… ②农… Ⅲ.①农业—国家标准—中国—2012②农业—行业标准—中国—2012 Ⅳ.①S-65

中国版本图书馆CIP数据核字（2014）第026368号

中国农业出版社出版
（北京市朝阳区农展馆北路2号）
（邮政编码 100125）
责任编辑 孟令洋 舒 薇

中国农业出版社印刷厂印刷 新华书店北京发行所发行
2014年2月第1版 2014年2月北京第1次印刷

开本：889mm×1194mm 1/16 印张：7.75
字数：185千字
定价：30.00元